全球退化四叉树离散格网建模及应用

孙文彬　赵学胜　王姣姣　范德芹　著

北京理工大学出版社
BEIJING INSTITUTE OF TECHNOLOGY PRESS

图书在版编目（CIP）数据

全球退化四叉树离散格网建模及应用／孙文彬等著 . —北京：
北京理工大学出版社，2017.3
　ISBN 978 - 7 - 5682 - 3837 - 3

　Ⅰ. ①全…　Ⅱ. ①孙…　Ⅲ. ①地理信息系统 - 系统建模
Ⅳ. ①P208. 2

　中国版本图书馆 CIP 数据核字（2017）第 057061 号

出版发行／北京理工大学出版社有限责任公司
社　　　址／北京市海淀区中关村南大街 5 号
邮　　　编／100081
电　　　话／（010）68914775（总编室）
　　　　　　（010）82562903（教材售后服务热线）
　　　　　　（010）68948351（其他图书服务热线）
网　　　址／http：//www. bitpress. com. cn
经　　　销／全国各地新华书店
印　　　刷／保定市中画美凯印刷有限公司
开　　　本／710 毫米 ×1000 毫米　1/16
印　　　张／12. 75
彩　　　插／8　　　　　　　　　　　　　　　责任编辑／张慧峰
字　　　数／180 千字　　　　　　　　　　　文案编辑／张慧峰
版　　　次／2017 年 3 月第 1 版　2017 年 3 月第 1 次印刷　责任校对／周瑞红
定　　　价／58. 00 元　　　　　　　　　　　责任印制／王美丽

前　言

随着星载和机载空间数据获取技术的快速发展，全球海量面元空间数据获取日益便捷，获取到的数据量也呈几何级数式的增长，对空间数据管理、多源数据融合、分析应用提出了更高的要求。但由于现有的分析模型大多建立在地图分带投影的基础上，这会导致在全球空间数据管理与多尺度操作上产生数据断裂、几何变形和拓扑不一致性等问题，制约了全球空间数据应用的范围和深度。因此，如何构建全球统一的多源空间数据组织、融合和分析应用框架已成为国内外学术界和应用部门研究的重点内容之一。而全球离散格网（Discrete Global Grid）是基于球面的一种可以无限细分，但又不改变其形状的拟合格网，当细分到一定程度时，可以达到模拟地球表面的目的，它具有层次性和全球连续性特征，既避免了平面投影带来的几何变形和空间数据的不连续性，又能为全球空间数据的组织管理提供一个统一的框架模型。全球离散格网已在空间数据索引、地图定位框架与地理现象表达等方面得到了广泛的应用。

近年来，国际学术界和相关应用部门从不同的侧面对全球离散格网模型进行了研究。目前，常用的离散格网模型主要包括三类：经纬度格网模型、自适应格网模型、正多面体格网模型。经纬度格网模型的格网单元形状面积变形大，存在着严重的数据冗余；自适应格网模型层次关联困难，难以满足全球多尺度空间数据组织与分析应用的需求。正多面体格网模型多以三角形、菱形、六边形格网为基础。三角形、六边形格网单元与现代测量所采集的像元数据不吻合，不利于新旧基础数据的接续和不同类型数据的集成操作，难以成为 DEM 与矢量数据融合的基础框架。为此，本研究提出了一种全球退化四叉树离散格网模型（Degenerate Quadtree Grid，DQG），对 DQG 模型的建模原理及多类型数据融合应用的若干基本理论和关键技术进行研究，有望为大范围（或全球）环境变化监测、灾害应急决策、大型工程设计、国防安全和国家公共地理信息服务等的综合分析与科学决策，提供一个多源数据无缝整合的新模式。

自 2003 年以来，作者及其研究小组对球面格网单元的剖分方法、格网单元的几何变形分布规律与收敛性分析、球面等积格网的构建和应用、基于球面格网的 DEM 和矢量可视化表达等问题进行了较为深入的分析和研究，发表了多篇相关学术论文。作者与国内外相关的研究者保持着广泛交流和探讨，及时了解该领域的最新发展动态，努力推动全球离散格网理论和方法的研究进展。同时，作者切身体会到全球离散格网理论研究中存在着诸多不足之处，仍需众多学者继续进行深入探讨和研究。为此，在众多学术前辈和同行的鼓励和帮助下，在总结已有研究成果的基础上完成该书的撰写工作，希望起到抛砖引玉的作用，以推动全球离散格网理论方法与应用的研究工作进展。但由于作者水平有限，书中难免有失误之处，恳请各位学术前辈和同行见谅，并不吝批评赐教。

书中应用和参考了大量的国内外文献，笔者对各位作者表示真挚的谢意！如有引用不当或曲解原意之处，敬请原谅并祈指教！

在本书主要内容撰写和整理过程中，得到了国家基础地理信息中心陈军教授的精心指导，值此书稿完成之际，谨向陈军教授表示衷心的感谢！同时感谢国家基础地理信息中心的蒋捷研究员、刘万增研究员，北京建筑大学侯妙乐教授，陕西师范大学白建军教授，郑州大学闫超德副教授对本书相关研究提出的意见和建议！感谢中国矿业大学（北京）研究生崔马军、胡佰林、赵龙飞、苑争一、曹文民、周长江、于欣欣、王政、王新鹏、罗富丽、王振、张斌、朱思坤、赵骏武、冯飞军、罗义平、张宏丹等同学，他们分别参与了本书的资料整理、数据处理、文字校核和插图绘制等工作！

感谢国家自然科学基金项目（No.：41671383；41671394）的资助，使我们能够顺利进行相关课题的研究。

作　者

2017 年 3 月于北京

目　　录

1

绪　论

在现代对地观测技术和全球应用的双重驱动下，全球离散格网从传统的空间数据索引、地图定位框架与地理现象表达，开始向多源空间数据融合、地理综合分析、公共地理服务等新功能进行全方位地拓展。因此，构建一种适用多类型数据无缝融合的全球格网框架模型已成为国际 GIS 学术界一个新的研究热点。本书针对这一国际学术前沿和实际应用需求，提出了一种全球退化四叉树离散格网模型（Degenerate Quadtree Grid，DQG），对 DQG 模型的建模原理及多类型数据融合应用的若干基本理论和关键技术进行研究，主要内容包括：全球退化四叉树离散格网剖分建模及索引编码、基于全球 DQG 格网的多类型数据统一表达模式、多类型数据 LOD（Level of Details）同步建模及高效自适应融合算法、DQG 格网变形分布及融合精度评价；并用全球和我国部分地区多分辨率地形、影像和矢量地图数据，设计和开发了相应的原型实验系统。该模型有望为大范围（或全球）环境变化监测、灾害应急决策、大型工程设计、国防安全和国家公共地理信息服务等的综合分析与科学决策，提供一个多源数据无缝整合的新模式。

1.1　研究意义

全球离散格网是基于（椭）球面的一种可以无限细分，但又不改变形状的地球体拟合格网，当细分到一定程度时，可以达到模拟地球表面的目的［周启鸣，2001］。它具有离散性、层次性和全球连续性特征，既符合计算机对数据离散化处理的要求，又摒弃了地图投影的束缚，有望从根本上解决传统平面模型在全球空间数据管理与多尺度操作上的数据断裂、几何变形和拓扑不一致性等问题［Dutton，1999；Kolar，2004；胡鹏等，2005］。目前，随着空间数据采集技术的飞速发展和全球经济一体化的不断深入，单一类型的空间数据已无法满足日益增长的应用需求，许多应用领域如全球环境变化监测、灾害应急预警、资源可持续开发、大型工程设计、国防安全乃至战争等，越来越频繁地使用大范围（甚至全球）多分辨率、多类型数据（如 DEM、影像和矢量数据等）进行综合分析，以获得单一数据类型无法达到的、更高质量的决策结果［Chen & Meer，2005；Carrara，*et al*，

2008］。全球离散格网规则的层次剖分结构，使不同空间分辨率的格网之间具有严格的变换关系，为分布不均匀、尺度不等的地理现象数据融合提供了统一的表达模式，而现代矩阵理论和场论则为统一描述和表达复杂、多样的地理现象提供了可靠的理论基础［周成虎等，2009］。因此，在现代对地观测技术和全球应用的双重驱动下，全球离散格网系统的功能从传统的空间数据索引、地图定位框架与地理现象表达，开始向多源空间数据融合、地理综合分析、公共地理服务等新功能进行全方位的拓展［Masser，et al，2008；陈军等，2009；Osterom & Stoter，2010］。所以，发展一种适用于多类型数据无缝融合的全球格网框架模型及相关技术，已成为目前国际 GIS 学术界一个新的研究热点。

近年来，国际学术界和相关应用部门从不同的侧面对全球离散格网进行了深入研究。2000 年 3 月和 2004 年 8 月，由美国地理信息与分析中心（NCGIA）组织，在美国加利福尼亚州分别召开了第一、二届 "International Conference on Discrete Global Grids" 学术讨论会，专门进行了全球离散格网理论方法的探讨与成果交流；2014 年开放地理信息联盟（OGC）成立了全球离散格网标准化工作组，以促进 DGG 在跨领域（或学科）互操作的进展；2015 年北京大学与解放军信息工程大学成立了"全球离散格网联合实验室"，以推动我国在该领域的研究进展和应用示范。另外，在地理、测绘、GIS、计算机、数据库管理及其他相关专业领域的主要国际学术期刊和会议上，有关全球离散格网模型的研究论文和报告也明显增多。从近期研究成果来看，为了克服经纬度格网非均匀性和极点奇异性的缺陷，目前多数全球离散格网模型是建立在基于正多面体的球面格网上，即把球体内接正多面体的边投影到球面上作为大圆弧段，由大圆弧段构成球面三角形（或四、五、六边形）覆盖整个球面；然后对球面多边形进行递归细分，形成全球连续的、近似均匀的球面层次格网结构。这样既有效避免了经纬度格网表达全球地形数据时出现的数据冗余问题，又克服了变间隔经纬网［Bjørke, *et al*, 2004；Seong, 2005］和球面不规则 TIN 格网［Lukatela, 2000］无法进行层次关联的缺陷［Kolar, 2004］。成果主要应用包括：全球空间数据的层次剖分与索引［Goodchild, *et al*, 1991；Otoo & Zhu, 1993；Dutton, 1996；Bartholdi & Goldsman, 2001；袁文等, 2005；贲进等, 2006；Vince & Zhang, 2009；Ma, *et al*, 2009；Crider 2009；Yuan, *et al*, 2010；Harrison 2012；Zhou, *et al*, 2013；Holhoş & Roşca, 2014；Amiri, *et al*, 2014, 2015］、全球环境与土壤监测模型［White, 2000；Ottoson & Hauska, 2002；Suess, *et al*, 2004；Hasenauer, *et al*, 2006；Bartalis, *et al*, 2006］、全球动态数据结构［Goodchild & Yang, 1992］、全球气象与水文模拟［David, *et al*, 2002；Williamson, 2007；Skamarock & Menchaca, 2010；Düben, *et al*, 2012；Peixoto & Barros, 2014］、空间数据质量与制图综合模型［Dutton 1999；Gregory, *et al*, 2008；Sousa & Oliveira, 2012］、全球导航模型［Lee & Samet, 2000］、全球格网定位系统［Clarke, *et al*, 2002；Sahr, 2003；Sahr, *et al*, 2008］、海洋监测［Kidd, *et al*, 2003；Hersh & Maidment, 2014］、全球气候耦合模型［Randall, *et al*, 2002］、全球数字拓扑推理［胡鹏等, 2001］、球面格网计算［袁文等, 2011；童晓冲等, 2009］、地球物理模型［Thuburn, 1997］、全球海量影像

管理［Lugo & Clarke，1995；Teanby，2006；Vince & Zheng，2009；Marschallinger，*et al*，2014；Dumedah，*et al*，2014］和全球地形可视化与操作模型［白建军，2005；Zhao，*et al*，2008；Yu & Gong，2012；Chen，*et al*，2013］等。

但是，基于多面体的全球离散格网模型多采用三角形、菱形和六边形层次结构作为全球空间数据管理的基础，难以符合地球椭球体的要求，和现代测量所采集的像元数据也不吻合［周成虎等，2009］。所以，大多数模型非常适合全球 DEM 的表达，而处理影像和矢量地图数据效率较低，不利于新旧基础数据的接续和不同类型数据的集成操作，难以作为多源数据的基础融合框架。为此，在深入分析全球经纬度格网和多面体格网优缺点的基础上，作者提出了一种新的全球离散格网系统——全球退化四叉树（Degenerate Quadtree Grid，DQG）离散格网结构。该格网是以球面正八面体剖分为基础，但细化结构类似经纬度格网，不同的是涉及极点的格网退化为三角形，而这种退化是层次和规则的，同层次格网单元是近似均匀的，并具有一致的方向性（uniform orientation）、径向对称性（radial symmetry）、平移相和性（translation congruence）等特性；既可以直接利用以经纬度格网为参考系的各种新旧数据源，又避免了经纬度格网的非均匀性和极点奇异性问题，且格网结构极其规则，易于构建空间邻近关系和检索机制［赵学胜等，2009］。本书主要探讨全球退化四叉树格网结构的建模原理、编码与搜索算法以及在全球多源空间数据融合中的应用。

1.2   国内外研究现状分析

1.2.1   全球离散格网剖分模型

目前 DGG 建模方法主要归纳为以下几种类型：经纬度格网模型、正多面体格网模型、自适应格网模型［白建军等，2011；赵学胜等，2012］。

1.2.1.1   经纬度格网模型

经纬度格网是使用最早、最为普遍的一种用于制图和表达的空间剖分方案。许多现存数据的格式、处理算法大都是以经纬度格网为基础。经纬度格网主要分为等间隔和变间隔经纬网两种。

（1）等间隔经纬网（Equal Latitude – Longitude Grid）是目前应用最广泛的一种格网模型，该格网系统按照地理经线和纬线对空间进行剖分（如图 1.1 所示），优点在于格网编码简单，易于实现，不需要复杂的地理坐标转换。代表性研究与应用主要有：美国佐治亚州技术学院的 Virtual GIS、美国国家航空航天局（NASA）的虚拟行星探索工程 VPEP 和 World Wind 虚拟地球、美国海军研究生院的 NPSNET 系统、美国 SRI 公司的 TerraVision 地形浏览器、Google Earth（谷歌）、MSN Virtual Earth（微软）、美国地质调查局的 GTOPO30（如图 1.2 所示）和 ETOPO5 数据集、

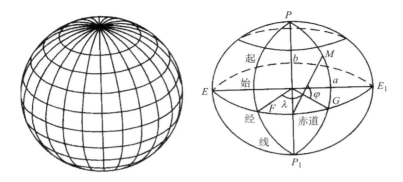

图1.1　等经纬度格网

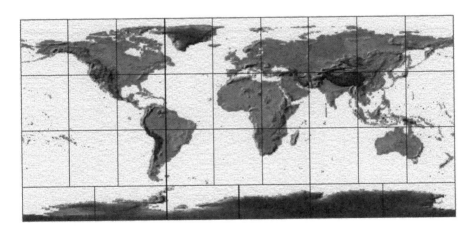

图1.2　基于经纬度划分的全球 GTOPO30 数据块

美国国防制图局和美国 NASA／哥达德宇航中心的 JGP95E5 数据集、全球四叉树系统［Tobler，1986］、EQT（Ellipsoidal Quadtrees，椭球四叉树）［Ottoson & Hauska，2002］、三维虚拟地球系统 GeoSphere VR［张立强，2004］、空间信息多级格网［李德仁等，2006］、基于地图分幅拓展的全球剖分模型（Extended Model based on Mapping Division，EMD）［程承旗等，2010］等。等间隔经纬度格网缺陷在于：格网单元面积随着纬度不同变化越来越大，相同剖分层次格网单元面积的量级也不尽相同，对多分辨率空间数据的分析效率和准确性产生了不同程度的影响，尤其对南北两极附近的分析计算带来很大的不确定性；格网单元形状具有非均匀性，两极单元为三角形，其他区域单元为四边形，面积和形状的差异导致了大量冗余数据。

（2）变间隔经纬网（Adjusted Latitude – Longitude Grid）克服了等间隔经纬网同一剖分层次单元面积变异较大的问题，实现了同一剖分层次下格网单元面积近似相等。代表性研究与应用主要有：美国国家图像制图局（NIMA）的数字地形高程数据 DTED（Digital Terrain Elevation Data）（单元面积近似相等）、基于 WGS84 椭球体的 FFI 格网（单元面积更加均匀）［Bjørke, et al, 2003］、单元面积完全相等的变间隔经纬网［Seong, 2005］、国际卫星云气候项目的 ISCCP GRID、美国国家气候研究中心（National Center for Atmospheric Research, NCAR）的 POP（Parallel Ocean Program）GRID 和 ORCA GRID、GeoFusion Inc. 的 GeoFusion 系统、全球退化四叉树格网（DQG）［崔马军等，2007］。相对于等间隔经纬网，DTED 格网剖分方式只在某种程度上减少了数据冗余，但格网单元仍具有不均匀性，Bjørke 和 Seong 提出的格网模型保证了绝大多数格网单元面积相等（如图 1.3 所示），单元等面积特性在地统计学和小波分析方面极具优势，但格网单元间的邻近关系更为复杂。基于退化四叉树剖分的球面格网具有格网单元形状变异收敛、结构简单、易于邻近查找等特性，但如何结合需求应用仍需深入研究。

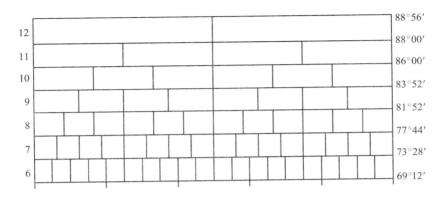

图 1.3　等面积单元的变经纬格网结构

（从 69°12′ ~ 88°56′）［Bjørke，*et al*，2003］

1.2.1.2　正多面体格网模型

正多面体球面格网（Polyhedron Tessellation Grid）建模的基本思路是：首先，将理想多面体的边投影到球面，形成球面多边形作为全球剖分的基础；接着，对球面多边形进行递归剖分，形成连续的、近似均匀的球面层次格网系统。基于正多面体剖分的球面格网避免了数据冗余问题，克服了无法进行层次关联的缺陷［Kolar，2004］，具有规则性、层次性和全球连续性特点，格网单元地址码隐含着空间位置以及比例尺和分辨率信息，在处理全球多分辨率海量空间数据方面极具潜力。以 O - QTM（Octahedral - Quaternary Triangular Mesh，八面体四分三角形格网）［Dutton，1996］、SQT（Sphere Quadtree，球面四叉树）［Fekete，1990］为代表，其特点主要体现在对地球表面进行无缝嵌套的、多层次格网剖分，使全球空间数据能忽略投影的影响，格网单元具有各向同性的特点［Goodchild & Yang，1992］，大多数格网系统采用了基于正多面体（四面体、立方体、八面体、十二面体和二十面体）的剖分方案［White，et al，1998］（如图1.4所示）。其中，普遍采用的球面剖分单元主要有球面三角形、菱形（四边形）和六边形（如图1.5所示），这三种剖分单元的几何结构特征主要体现在以下几个方面：

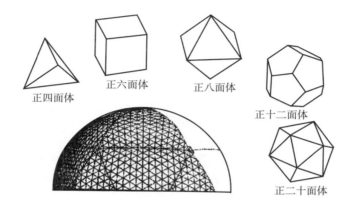

图 1.4　基于五种正多面体的球面剖分

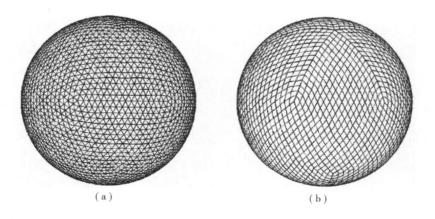

（a）　　　　　　　　　　（b）

图 1.5　三种格网的层次剖分

（a）球面三角形格网；（b）球面菱形格网

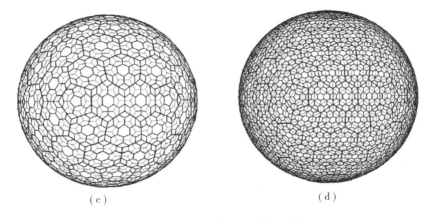

（c）   （d）

图1.5　三种格网的层次剖分（续）

（c）球面 A3 的六边形格网；（d）球面 A4 的六边形格网

（1）三角形格网单元特点。具有层次性、近似均匀性和统一性，在极地处理上独具优势，在地学分析中易于对地形进行单点建模，广泛应用于全球空间数据索引、表达与建模。最大的缺陷在于几何结构复杂、单元方向的不确定性及不对称性，而且单元之间的邻近关系随着位置不同变异较大，增加了邻近搜索与空间分析的难度。

（2）菱形格网单元特点。具有方向一致性、径向对称和平移相和性，几何结构与正方形单元类似，比三角形或六边形结构更为简单，不受多面体到球体或椭球体映射方法的制约，可直接采用多种平面四叉树算法，易于进行邻近搜索等空间操作〔White，2000〕。剖分具有嵌套性，可用于数据集中与分散的 Kalman 滤波预测模型〔Huang & Cressie，1997〕。

（3）六边形格网单元特点。不同于三角形和菱形单元，六边形单元具有统一的邻近关系，每个格网单元只存在六个边邻近六边形单元，任意两个相邻单元中心点之间的距离都相等。具有较高的空间覆盖效率和角度分辨率、邻接一致性和最大单元兼容性，在动态建模方面独具优势［Thuburn，1997；贲进等，2006］。最大缺陷在于不可嵌套性，上一剖分层次中的格网单元没有完全包含下一剖分层次的单元，这对格网模型多分辨率的操作和应用产生不利的影响。

1.2.1.3　自适应格网模型

球面自适应格网（Adaptive Subdivision Grid）是根据球面实体对象的特征对球面进行剖分得到的格网模型。Lukatela［1987］建立的 Hipparchus 系统采用球面 Voronoi 多边形剖分，实现了基于TIN 模型的全球地形可视化表达（如图 1.6 所示）。球面 Voronoi 生长点的分布取决于应用标准及实际需求，如数据空间分布、系统操作类型和剖分单元面积限制等。Hipparchus 系统格网单元可按照实体要素的空间分布状况（比如密度）自适应调整，从而生成自适应或不规则格网。球面 Voronoi 格网还用于全球海量地形

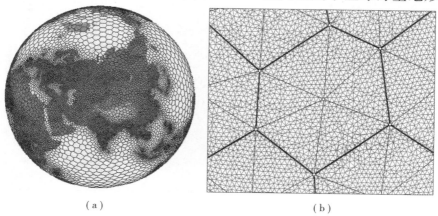

（a）　　　　　　　　　　　　　　　（b）

图 1.6　Hipparchus 系统的自适应格网划分［Lukatela，1987］

（a）全球 Voronoi 剖分；（b）内部 TIN 结构

数据的 LOD 模型［Kolar，2004］、全球海洋潮汐流动模拟模型
［Abolfazl & Gold，2004］。与规则或半规则部分格网相比，Voronoi
自适应格网优势在于具有动态稳定性，可依据实际需求为格网模
型提供更多的剖分方案；但 Voronoi 自适应模型难以进行层次递
归剖分，由于空间对象层次是基于显式定义的实体关系，空间实
体的变化无法在邻近层次之间进行传递，严重制约了全球海量数
据的多尺度关联等空间操作。

1.2.2 基于全球离散格网的数字高程模型研究

由于地图分带投影的影响，传统数字地面高程模型会出现数
据断裂、不连续的问题。为了克服数据断裂问题，近年来全球离
散格网被广泛地应用到全球地形无缝建模领域。尽管国内外学者
针对该问题做了大量的研究，但随着全球高分辨率地形数据的快
速获取、地形格网数据量的急剧增加，如何在保证地形格网精度
的前提下提高三维空间分析及可视化渲染效率已成为全球 DEM
建模研究亟须解决的关键问题之一。

1.2.2.1 地形格网简化模型

地形格网简化是在保证地形精度的前提下尽可能地减少地形
格网的数目，从而达到减少 DEM 数据量的目的。其具体做法为：
根据地形起伏程度确定地形格网所采用的分辨率；平坦区域采用
低分辨率格网模拟地表起伏；陡峭区域采用高分辨率格网表达地
形特征。为此，需要根据地形节点评价测度判断地形格网是否需
要继续进行再分［韩玲，邹永玲，2007］。许兆新等［2008］以

地形粗糙度作为节点评价测度（简化标准）进行格网简化［万定生，龚汇丰，2005；郑海鸥等，2006］；王玉琨等［2008］根据视点相关的节点评价函数和多属性节点评价函数简化地形格网；Hamann［1994］以地表曲率为评价测度，采用顶点去除法移除局部平坦区域顶点，达到简化地形格网的目的。

地形格网简化算法从数据组织管理层面降低了地形的数据量。而 LOD（Level of Details）模型是提高地形可视化表达效率的有效手段。LOD 模型是根据地形细节层次调整地形格网的分辨率。表达重要地形细节时，将靠近视点或陡峭地面的区域用高分辨率的地形格网进行显示；当表达次要地形时，将远离视点或平坦地面区域用低分辨率地形格网进行表示。地形 LOD 模型多以四叉树［Peter，*et al*，1996］或二叉树结构［Thomas，2003；Lindstrom & Cohen，2009］为基础。代表性成果：渐变型格网模型［Hoppe，1996］、层次四叉树结构模型［Lindstrom & Cohen，2009］、合并和分裂三角形队列简化模型［Duchaineau，*et al*，1997］、视点相关的简化模型［Rottger，*et al*，1998］、LOD 算法和不可见性剔除混合模型［Mortensen，2000］、LOD 算法和 IBR 混合模型［Chen，*et al*，1999］。

1.2.2.2　裂缝消除方法的研究现状

规则地形简化多以二叉树和四叉树为基础。尽管二叉树能消除三角形间的裂缝和 T 形连接，但地形块数据拼接算法复杂。因此，四叉树在地形简化中应用更广泛。四叉树结构非常规则，方便应用数组进行存储管理，便于地形分块细分和纹理映射。但四叉树结构在不同分辨率地形的拼接处会出现裂缝问题［淮永建，郝重阳, 2002]。因此, 消除四叉树邻近格网间的裂缝已成为多分辨率地形表达的关键问题 [邢伟等, 2004]。裂缝消除的方法主要有:

(1) 垂直边缘法

垂直边缘法 (Vertical Skirt) 称为增加"裙"法, 即在每一层的内外边界上增加一个"裙" [周杨等, 2007; 胡爱华等, 2009]。如图 1.7 所示, 左上图为不同分辨率地形接边处产生裂缝的情况, 右图为增加"裙"后的情况, 以不同分辨率的接边顶点 (a, b) 和 (c, d, e) 为基准, 平面坐标位置 (x, y) 保持不变, 以高度 H 垂直向下增加顶点 (a_1, b_1) 和顶点 (c_1, d_1, e_1), 使得在边界上构成一个垂直向下的面, 称之为"垂直裙"——即在块的边界上建立一个由地表到水平面的垂直外包体。这样即使当存在块间裂缝时, 由于裂缝被"垂直裙"挡住, 视觉上也不会产生"空洞"。构建"垂直裙"的具体方法是对地形块的四个边界建立四个索引数组, 用于依次存储每个边界上被送入需绘制的顶点, 最后分别将数组中保存的顶点与对应边界上首尾顶点的水平面投影点组合在一起, 按照多边形方式进行绘制。

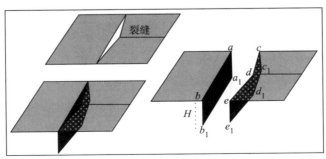

图 1.7 增加"裙"消除裂缝 [周杨等, 2007]

　　垂直边缘法只需独立处理地形块，无须考虑相邻块的细节层次，具有很强的封装性，简化了算法设计并减少了计算耗时。但该方法只是从视觉上消除了不同层次间的裂缝，本质上并未消除裂缝。该方法只适用于不同分辨率分层加载格网的情况，不适用于同一层次不同分辨率格网简化时产生的裂缝消除。

　　（2）渐变法

　　渐变法采用分辨率等级过渡算法，将分辨率等级转换时的地表形状突变转化为渐变［张琦等，2007］，改善了视觉效果，增强了地形表达的真实感。曾维等［2009］采用限制性四叉树——即控制邻近格网间的剖分层次差不超过1，将平滑后的随机数据作为高程模拟数据，模拟地形起伏；许妙忠等［2005］通过限制相邻节点间剖分层次不超过1［陈少强等，2005；胡爱华等，2009］，通过加边或减边的方式消除了 T 形裂缝。刘丁［2009］使用索引顶点数组绘制 T 形裂缝区域实现了裂缝消除；谭兵等［2003a，2003b］将低分辨率模型进行适当分裂，使之与相邻模型具有相同的边界（如图1.8所示），消除了 T 形裂缝。

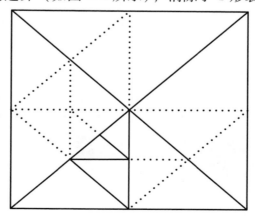

图 1.8　裂缝的产生与消除

（3）调整高程值法

调整高程值法通过调整裂缝处节点的高程值实现无缝拼接 ［赵友兵等，2002；芮小平，张彦敏，2004］，如图 1.9 所示。该方法虽然简单，但会导致 T 形节点及地形失真，绘制时会产生光照不连续的现象。

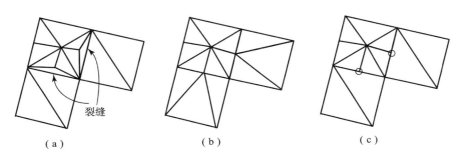

图 1.9　调整高度值法消除裂缝 ［赵友兵等，2002］

（a）裂缝的产生；（b）通过剖分、改变高程值消除裂缝；（c）T 形节

（4）其他方法

Yoon 等 ［2005］ 提出了簇依赖（cluster dependencies）的裂缝消除方法。王宏武等 ［2000］ 将高分辨率模型顶点移动到相邻模型的边界点上，实现了裂缝消除。谭兵等 ［2003］ 设计了自适应地形格网生成和缝隙消除方法 ［张小虎等，2009］。

上述研究中的裂缝消除方法多是针对一个局部四叉树地块，在限制性四叉树结构的基础上进行裂缝消除，这会增加许多不必要的三角形，降低了可视化表达的效率。若将上述方法应用到全球地形表达时，缝隙消除方法会增加大量的需绘制格网，尤其在南北两极处，将会出现大量的数据冗余，造成不必要的计算资源消耗 ［李亚臣等，2007］。

1.2.3 矢量与地形格网数据融合研究

球面格网具有全球连续无缝性、良好的层次性等优良特性，作为数据融合载体已被广泛地应用到全球多尺度空间数据的融合中。影像和 DEM 数据融合技术已相对比较成熟；但由于矢量和地形数据的组织方式不同，这导致它们二者融合技术的研究进展缓慢［童晓冲，2011；张旭晴，2010］，已成为制约多源数据融合的瓶颈问题之一。

目前，矢量和地形格网数据融合的主要方法有：纹理法、几何法、阴影体法；下面分别从它们的概念内涵出发，分析阐述相关的研究进展。

1.2.3.1 纹理法

纹理法（Texture – based approach）是将矢量数据生成纹理并映射到地形格网表面的一种数据融合方法。纹理法的实现原理如图 1.10 所示。纹理法可以完全避免 Z 缓存冲突（Z – buffer fighting）问题，彻底消除矢量数据"悬空"和"入地"的现象。根据矢量纹理的生成方式，纹理法又可分为静态纹理法和动态纹理法。静态纹理法即提前生成多层次的矢量纹理，在可视化表达时只需动态调用对应层次的矢量纹理。动态纹理法是根据视场范围实时动态生成矢量数据纹理，并将纹理映射到地形格网表面。纹理法代表性的研究包括：Kersting［2002］将相同大小的纹理与四叉树区域进行关联，实现了矢量纹理实时动态更新；Bruneton 等［2008］采用视点相关的多级矢量纹理映射策略实现了矢量和

DEM 数据的融合表达；Schneider 等［2005］采用动态设置参数
生成纹理，实现了基于透视投影的矢量与 DEM 融合与可视化表
达；Döllner 等［2000］应用 P－buffer 技术，根据场景实时生成
离屏矢量纹理，并采用 LOD 策略提高纹理渲染的效率；杨超等
［2008］提出视点相关的矢量数据多级平滑过渡方法，采用矢量
纹理缓冲更新技术，实现了虚拟战场环境中大尺度矢量数据的实
时绘制，保留了矢量数据的细节信息；陈鸿［2010］通过场景视
点得到充分逼近当前地形可视范围的透视投影，将矢量数据实时
绘制在与地形绑定的纹理上。

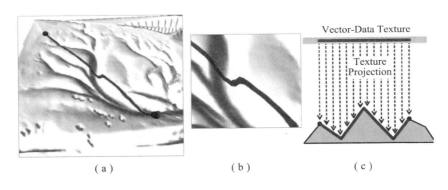

图 1.10   基于纹理法的矢量与地形集成［Döllner，2005］

（a）矢量线段与地形贴合；（b）局部放大视图；（c）矢量数据纹理投影到地形表面

　　尽管纹理法已经在矢量和 DEM 融合的研究中得到了广泛的
应用，并取得了良好的效果，但纹理法仍存在着一些缺陷。纹理
法是采用栅格化的方法将矢量数据转化为栅格纹理，致使矢量查
询和空间分析操作异常困难，极大限制了矢量数据的应用范围。
静态纹理法可视化渲染效率高，但不能实时更改渲染参数，在视
图放大时容易产生纹理失真和跳动问题；提前生成多尺度的矢量
纹理能降低纹理失真程度，但多尺度矢量纹理会占用大量的存储

空间。动态纹理法能避免纹理走样和失真问题，但纹理的动态生成需消耗大量的计算时间，矢量数据可视化渲染效率低，会出现滞帧问题。

1.2.3.2　几何法

几何法（Geometry – based approach）是根据矢量数据内插出与地形表面相交的矢量节点，然后依次连接节点，实现矢量与地形的无缝贴合，且保持矢量数据的固有特征。几何法分为：叠加法和嵌入法。

（1）几何叠加法

几何叠加法［Szenberg, *et al*, 1997；Agrawal, *et al*, 2006］的基本思路是通过空间位置关系将矢量与地形关联起来，使得矢量数据能够动态覆盖到地形表面，同时地形与矢量数据又分别保持了各自的独立性，便于进行空间查询和分析操作。几何叠加法原理简单，易于实现。代表性的研究成果包括：Szenberg［1997］结合 Z – buffer 和浮动水平线算法设计了三维地形表面的矢量线绘制方法；Agrawal［2006］在保持地形格网形状和分辨率不变的情况下实现了矢量与地形的集成表达；芮小平［2004］利用投影和插值法将矢量数据映射到单一分辨率地形格网上（如图 1.11 所

图 1.11　在地形上叠加线状矢量数据［芮小平, 2004］

示）；邹浣［2006］设计了基于 ROAM 的矢量与地形叠加算法；康来［2009］根据矢量数据所代表地物的特性对三维地物进行分类，利用地物匹配地形和地形匹配地物方法，实现了矢量与地形数据的无缝叠合及平滑过渡。

尽管几何叠加法能保证矢量和地形数据的无缝叠合，但也存在着一定的局限性。几何叠加法的主要缺陷在于矢量与 DEM 格网数据难以实现同步的 LOD。当地形格网随着 LOD 模型发生变化，矢量数据仍然保持不变，无法实现动态更新［Bruneton, *et al*, 2008］。此外，几何叠加法在矢量数据内插时，计算耗时多，效率低。几何叠加法还会导致出现 Z 缓存混淆（Z - buffer fighting）问题，需要进行特殊处理［邹浣, 2006；杨靖宇等, 2008；刘昭华等, 2009］。

（2）几何嵌入法

几何嵌入法［Bruneton, *et al*, 2008］的基本思路是将矢量数据缝合到地形中，表现为在矢量数据周围使用较多的三角形来模拟，从而给人一种视觉上的感知和融合。代表性研究算法包括：Lenk［2001］将矢量数据的节点和边界线作为 TIN 的顶点和边，对 TIN 局部进行三角化，利用单纯复形的数据模型管理二维矢量对象，实现了矢量与地形的叠加表达（图 1.12）［李刚等, 2004］；Koch［2006］在不考虑对象语义的情况下，应用 Lenk 算法把 DEM 和矢量对象集成在一起，利用不等式约束最小二乘法（inequality constrained least squares adjustment）将对象语义进行重新优化综合，实现了矢量数据与 DEM 的集成表达。

目前，几何嵌入法主要用于道路矢量数据与地形集成方面。代表性应用研究包括：TIN 划分模型、三角网裁剪算法、横截面

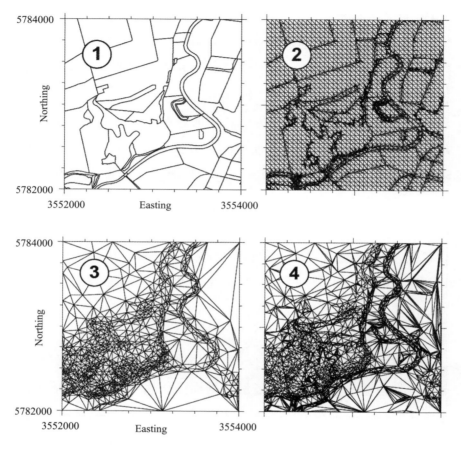

图 1.12　二维矢量数据与 DTM – TIN 的集成模型 [Lenk，2001]

①二维矢量数据；②与三角格网集成；③自适应三角格网；④与自适应三角格网集成

模型、基于 TM 算子的地形动态规划模型等。但它们都存在着一定的局限性：TIN 划分模型 [Chen，*et al*，1999] 只能表现简单的路面；三角网裁剪算法中特征点、线约束的插入可能会导致地形局部突变 [蒲浩等，2001]；横截面模型 [Li，*et al*，2004] 没有解决地形匹配问题，道路较多时，建模工作量及模型数据量问题都比较突出；基于 TM 算子的地形动态规划模型 [王晨昊等，

2005〕仅限于局部区域,应用范围有限。

几何嵌入法优点在于矢量数据可以无缝嵌入地形格网,没有 Z 缓冲混淆问题,可以较好地实现地形场景中交通线路模拟。但几何嵌入法计算复杂,处理速度极慢;几何嵌入法的矢量数据渲染是离线的并且无法处理 LOD 模型〔邹烷,2006〕。

1.2.3.3 阴影体算法

阴影体算法(Shadow volume algorithm)于 1977 年由 Franklin Crow 提出〔Crow,1977〕,逐步得到发展应用。近年来随着计算机硬件的飞速发展,阴影体算法可以使用最新的图形硬件加速渲染〔Everitt,*et al*,2003;屠建军等,2011〕,能够精确表现动态光阴场景。

为了解决纹理法绘制失真和几何法计算复杂的问题,Schneider〔2007〕首次将阴影体算法用于矢量数据与虚拟场景地形叠加显示,其基本思路是在地形模型上创建矢量数据的像素级精度垂直投影,沿着地形最低点延伸多边形构建多面体(图1.13),计算多面体与地形的屏幕空间交集,创建模板掩膜并绘制单色屏幕方块。该方法的矢量与地形渲染算法是完全相互独立的,能避免纹理绘制走样,无须进行复杂几何插值计算。阴影体算法的复杂度与地形模型复杂程度无关,不需要进行复杂的几何适应性处理以及地形复杂度相关的大量几何单元处理工作。戴晨光〔2008〕采用阴影体算法实现了河流、湖泊、行政边界线、道路网络与 DEM、影像集成的三维可视化〔杨靖宇等,2008;郑富强等,2008〕;Vaaraniem 等〔2011〕通过对比研究发现阴影体算法更适合高分辨率地形的可视化表达;Yan 等〔2010〕针对阴影

体算法性能受矢量数据规模制约的缺陷，基于帧缓存技术和
Voronoi 图方法设计了大规模矢量数据的简化算法，实现了大规模
矢量与多分辨率 DEM 无缝快速叠加显示。尽管阴影体法在矢量
和 DEM 格网数据融合中已得到了广泛的应用，但阴影体算法需
引入额外的顶点和面，增大了存储和处理难度，渲染出的阴影比
较硬；如果要实现软阴影，仍需与其他技术配合使用。

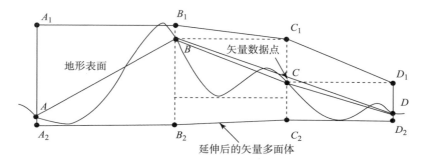

图 1.13　矢量数据所创建多面体横截面示意图 [Schneider, *et al*, 2007]

1.2.3.4　基于球面格网的矢量与地形集成

基于球面格网的矢量与地形数据集成方法的研究及应用主要
有：Wartell［2003］提出了三角裁剪有向无环图（triangle
clipping Direct – Acyclic Graph）数据结构，利用几何法实现了矢
量与 DEM 集成；Minoux［2008］采用两步渲染技术，利用纹理
法进行矢量数据渲染，并以此为基础构建了虚拟地球交互系统，
在有限的 RAM 条件下实现了海量多源数据浏览；曹雪峰［2009］
提出了基于混合式全球格网的矢量数据组织管理方案和面向对象
的矢量数据模型，构建了基于 Quad – R 树和混合式全球网格方案
的快速索引，利用优化后的几何法和纹理法实现了矢量、多分辨

率 DEM 数据融合和实时可视化表达；Xu 等［2010］优化了数字
地球系统中的矢量可视化表达方法，使其能适用于大规模矢量和
DEM 数据集成；蒋杰［2010］利用纹理法实现了海量矢量数据的
三维可视化［Yang, *et al*, 2010；杜莹，2005］，设计开发了全球
虚拟地理环境原型系统。

　　矢量与 DEM 数据集成技术也被广泛地应用到商业的地球模
拟可视化表达系统。Google Earth 利用几何法实现了地形与矢量的
集成表达，但没有实现矢量与地形 LOD 模型的同步，无法保证矢
量能正确地投影到 DEM 表面，也不支持多色彩矢量道路轮廓渲
染［Vaaraniemi, *et al*, 2011］；视点拉近时经常会出现矢量线
"悬浮" 或 "入地" 的情况（图 1.14）；World Wind 利用纹理法
实现了矢量与地形的叠加可视化表达，存在着明显的失真问题
（图 1.15）；ArcGlobe 先进行矢量数据的栅格化，按照影像方式组
织管理矢量纹理数据，采用多线程处理时间延迟缓解了浏览中停
滞现象。尽管商业的 Global GIS 系统在矢量与地形集成方面进行
了大量的尝试，但仍面临诸多技术难题和挑战。

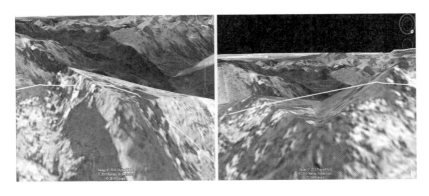

图 1.14　Google Earth 矢量数据表达中出现的穿洞和跨越现象

图 1. 15　World Wind 中同一矢量线不同角度的可视化效果

1.3　现存问题综述

综上所述，国际学术界和相关应用部门，从不同的方面和应用领域对全球离散格网模型和不同类型数据的集成融合技术做了大量的研究工作，融合方法各有优势，同时也都存在着一些局限性，而全球离散格网的研究主要集中在剖分方法、层次编码和空间数据索引、地图定位等方面［周成虎等，2009］，若进一步发展为全球多类型数据（如 DEM、遥感、矢量等）的融合和综合分析框架，还存在许多需进一步解决的关键技术问题，其中包括：

（1）全球离散格网的剖分与表达是全球 DEM 与矢量数据无缝融合的基础"骨架"。目前，全球离散格网一般是采用三角形、菱形和六边形作为格网基础剖分单元。三角形非常适合全球 DEM 的表达，而用于影像和矢量地图数据时效率较低；三角形、六边形和现代测量所采集的像元数据也不吻合，不利于新旧基础数据的接续和不同类型数据之间的集成操作，难以成为 DEM 与矢量数据融合的基础框架。

（2）纹理法是矢量数据和 DEM 格网数据融合的主要方法。尽管纹理法对矢量和 DEM 的渲染效率高，但矢量数据的绘制精度受所生成纹理分辨率的限制，当场景放大时容易出现绘制走样现象，虽然提高纹理分辨率可以减轻这种现象，但是在绘制大范围场景矢量数据时，会引起巨大的内存开销；矢量栅格化后已经改变了矢量的特性，无法利用矢量进行数据查询、修改等操作。

（3）多类型数据的融合不仅仅需要满足视觉效果，更重要的是为可视化设计与决策提供及时与准确的空间基础支撑。几何法不但保持了矢量的原有特性（即在可视化界面上直接进行查询、计算及拓扑分析），而且还可以利用相关属性对 DEM 格网进行约束和修整［Vaaraniemi, *et al*, 2011］，实现了矢量与 DEM 格网的无缝融合。但传统几何法在预处理阶段及多尺度表达中需要大量复杂的在线计算，实际操作效率低下［Schneider, *et al*, 2007］，成为目前限制其广泛应用而亟待解决的瓶颈问题。

1.4 研究内容及章节安排

本书在深入分析全球经纬度格网和多面体格网优缺点的基础上，提出了一种全球退化四叉树（DQG）格网模型。本书主要探讨研究 DQG 格网的建模方法以及基于 DQG 格网的 DEM 表达、矢量与地形数据融合的若干理论和方法。

1.4.1　研究内容

在分析现有全球离散格网特点的基础上，本书重点研究以下内容：DQG 格网剖分方法、编码方案、格网编码与经纬度坐标的相互转换算法、DQG 格网的几何变形及收敛趋势分析、DQG 格网邻近搜索算法、基于 DQG 的自适应地形建模、基于 DQG 的矢量与地形格网数据的集成方法等，并应用 GTOPO30、ASTER GDEM、DCW（Digital Chart of the World）、DIVA – GIS（GADM V1）以及部分模拟数据设计开发实验系统，验证模型与算法的正确性和可行性，对比分析相关算法的效率。

1.4.2　本书章节安排

本书的主要章节安排与结构如下：

第 1 章主要阐述全球离散格网剖分模型的研究背景与意义，分析了传统的经纬度格网、球面层次格网、自适应离散格网的优缺点，以及矢量与地形格网数据融合的研究现状，对全球离散格网系统研究中存在的问题进行了评述，提出本书的主要研究内容。

第 2 章详细阐述了 DQG 格网的剖分原理和方法，分析了 DQG 格网的几何变形特征及收敛趋势，给出了 DQG 格网行列的定义和编码方案，设计了 DQG 格网编码与经纬度坐标相互转换算法。

第 3 章在分析 DQG 格网邻近特征的基础上，设计了相同剖分层次格网的邻近搜索方法，分析测试了常用邻近搜索算法的效率；针对 LOD 模型中不同层次格网间邻近搜索的需求，提出了多层次格网邻近搜索的算法，并探索多层次邻近格网搜索算法在 DQG 可视化表达中的应用模式。

第 4 章在分析现有基于离散格网的 DEM 建模研究优缺点的基础上，提出了 DQG 自适应地形格网建模方法，分析米字形和非米字形 DQG 格网三角化的优缺点；给出 DQG 格网点高程内插计算方法，设计了基于节点粗糙度的 DQG 简化模型；针对多层次 DQG 地形格网间的缝隙问题，研究了地形格网缝隙的消除方法，并应用实验数据分析了格网简化效率。

第 5 章针对 DQG 地形格网与矢量数据的精确集成问题，设计了 DQG 格网的定向搜索算法，给出 DQG 格网角点、边界线归属的约定，研究矢量点、线与地形格网的集成方法，并应用实验分析验证 DQG 定向搜索、矢量与地形集成算法的正确性和可行性。

第 6 章阐述了矢量数据与球面 DQG 地形格网集成的漂移算法，根据矢量线与地表形态关系的密切程度，将矢量线划分为地形线和非地形线两大类，设计了不同类型矢量线的漂移操作算子。

第 7 章介绍了实验原型系统的设计与主要功能，对邻近搜索、定向搜索、几何叠加算法以及漂移算法进行了实验验证，对比分析了几何叠加算法与漂移算法的集成效率，给出了漂移算法的集成误差分析。

第 8 章归纳总结本书的主要研究成果，指出本研究未来的发展方向和需进一步深入探讨的关键问题等。

2

全球退化四叉树剖分原理

　　全球离散格网系统是空间信息格网及格网计算的基础，本章以球面层次结构为基础，提出了一种新的全球离散格网剖分方法——退化四叉树格网（Degenerate Quadtree Grid，DQG），分析了 DQG 格网的几何变形特征及收敛趋势，给出了 DQG 格网的编码方案、编码与经纬度坐标的转换方法。

2.1　DQG 格网剖分方法及特点

2.1.1　剖分方法

目前，构建 DGG 格网常用的辅助剖分体包括：正四面体、正六面体、正八面体、正十二面体和正二十面体等。由于内接正八面体的顶点占据球面主要点（包括两极），而边的投影则与赤道、主子午线和90°、180°、270°子午线重合，能够快速确定出球面上任意一点位于正八面体的哪一个投影面上，有利于球面格网与经纬度坐标的转换，且每个投影面都是正球面三角形，因此，本章将内接正八面体作为构建 DQG 格网的辅助剖分体。

DQG 格网的具体构建方法如下：

首先，选取球的内接正八面体作为球面格网划分的基础；将正八面体的面分别投影至球面，形成 8 个正球面三角形，亦称八分体（如图 2.1 所示）。

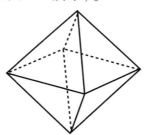

图 2.1　基于正八面体的球面八分体剖分

其次，采用退化四叉树方式进行递归层次细分，即把八分体三角形顶点的经纬度进行平分，获取到位于球上的 3 个新节点，用纬线连接三角形两腰上的节点，再将纬线中点与八分体底边上的节点连成一条经线；这样可将每个八分体剖分为 1 个子三角形和 2 个子四边形（图 2.2（a））；格网细分时，三角形格网按照上述方法进行剖分，四边形格网按照四叉树的形式进行细分；再次细分后将八分体剖分为 1 个子三角形和 10 个四边形，实现对球面更高分辨率的逼近（如图 2.2（b）所示）；重复上述的过程（第三层的格网如图 2.2（c）所示）……直至达到格网设定的分辨率要求为止。

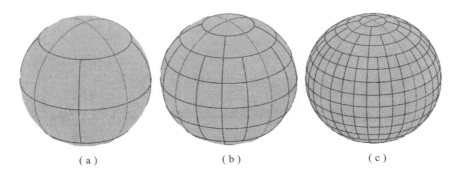

（a） （b） （c）

图 2.2 八分体的球面层次递归剖分

（a）24 单元；（b）88 单元；（c）344 单元

这种递归剖分方式称为球面退化四叉树剖分，每次剖分后所连接成的格网称为球面退化四叉树格网（DQG）。图 2.3 为剖分层次为 4、5、6、7 时 DQG 格网的正视、侧视和俯视图。DQG 格网的基本几何形状是球面"正方形"格网（含两个极点处 8 个球面三角形），与经纬度格网类似，但单元大小比经纬度格网均匀，便于聚类和统计分析。

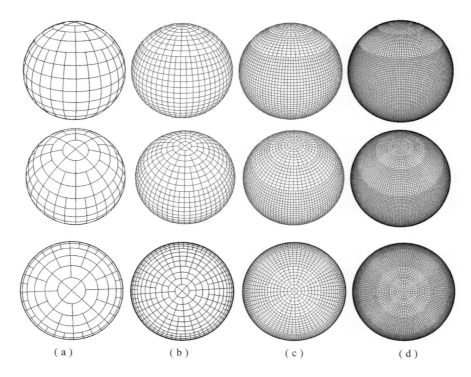

（a）　　　　　（b）　　　　　（c）　　　　　（d）

图 2.3　基于正八面体的 DQG 球面递归剖分

（a）4 层；（b）5 层；（c）6 层；（d）7 层

2.1.2　DQG 格网特点及优势

相对于传统的等间隔经纬度格网和基于正多面体的三角形、四边形及六边形格网，DQG 球面格网具有以下特点和优势：

（1）DQG 格网单元几何结构简单。基于全球退化四叉树剖分生成的 DQG 格网单元中，除了两极点处有少数几个三角形单元之外，其余都为四边形单元，与三角形、菱形与六边形格网相比几何结构更为简单。格网单元随着剖分层次的增加，越来越趋近于

矩形单元，能够非常便利地利用以等经纬度格网为坐标参考系的
各种空间数据，克服了等经纬度格网存在的格网单元面积变形较
大、两极区域数据存储的冗余性、奇异性和震荡性等缺陷（如图
2.4 所示）。DQG 格网适合用一般的显示设备进行制图或表达，
且能与经纬度坐标系统直接进行转换。

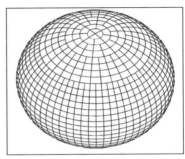

图 2.4　经纬度格网（左）与 DQG 格网（右）

（2）DQG 格网模型具有稳定性。DQG 格网单元几何形变呈
收敛的趋势，随着格网空间分辨率的提高，格网单元最大、最小
边长比以及最大、最小面积比呈增长趋势，但边长比（8 层）很
快收敛为 2.22 左右，面积比也（16 及以上剖分层次）收敛到
2.22 左右；另外，单元变形较大的区域主要集中在格网的退化区
域，比较明确和稳定，为格网单元变形误差的传播与控制提供了
保证。

（3）DQG 格网单元具有方向一致性、径向对称性、平移相和
性以及数据的可转移性等特点，有利于空间数据多层次间索引、
邻近搜索、坐标转换以及多分辨率数据组织管理及压缩存储等操
作的高效执行。与传统 Bartholdi 算法和分解算法相比，DQG 格网
单元平均邻近搜索效率分别提高约 100 和 30 倍［赵学胜等，

2009］。

（4）与行列逼近法、ZOT 投影法和 ETP 投影法相比，DQG 单元空间编码与经纬度坐标转换算法具有明显的计算优势：对于 100 万个 DQG 格网单元，由空间编码转换为经纬度坐标的平均耗时量与上述算法耗时量之比分别为 47%、47% 与 10%，由经纬度坐标转换为空间编码的平均耗时量与上述算法的比分别为 60%、30% 与 4%［崔马军等，2009］。

2.2　格网几何变形计算及分析

2.2.1　DQG 单元的几何变形计算

DQG 格网是按照经纬线进行划分的，因此每个 DQG 格网单元的边 S 为球面大圆弧或纬线圈圆弧，可利用公式（2.1）计算 DQG 格网单元边 S 的长度：

$$S = r \times \theta \qquad (2.1)$$

当圆弧 S 为球面大圆弧时，θ 为大圆弧对应的圆心角弧度值，r 为球的半径 R；当圆弧 S 为纬线圈圆弧时，θ 为纬线圈圆弧对应的圆心角弧度值，r 等于 $R\cos\varphi$（其中，R 表示大圆弧半径，φ 表示纬线圈的纬度值）。

DQG 剖分单元的面积 A 可利用文献［孙文彬等，2007］中的公式进行计算：

$$A = \iint\limits_{D} \sqrt{1 + f_x^2(x,y) + f_y^2(x,y)}\,\mathrm{d}\sigma$$

其中 D 为投影区域，球面面积公式

$$A = \iint\limits_D R\Big/ \sqrt{R^2 - x^2 - y^2}\, \mathrm{d}\sigma$$

转换成极坐标形式为：

$$A = \iint\limits_D R\Big/ \sqrt{R^2 - r^2}\, r\mathrm{d}r\mathrm{d}\theta \qquad (2.2)$$

利用公式（2.1）、公式（2.2）计算 DQG 格网的最大边长 $S_{\max}$、最小边长 $S_{\min}$ 和最大面积 $A_{\max}$、最小面积 $A_{\min}$，进而可求出最大、最小边长比 $S_{\max}/S_{\min}$ 和最大、最小面积比 $A_{\max}/A_{\min}$（结果如表 2.1 所示）。

表 2.1　边长和面积在不同层次的变化

层次	单元个数	最大边长/m	最小边长/m	最大最小边长比	最大面积/m²	最小面积/m²	最大最小面积比
1	3	7076401.80	3538200.90	2.00000	2.254e+013	1.867e+013	1.20728
2	11	3829721.06	1769100.45	2.16478	6.911e+012	4.853e+012	1.42468
3	43	1952374.87	884550.225	2.20720	1.982e+012	1.208e+012	1.64073
4	171	980910.786	442275.113	2.21787	5.270e+011	2.898e+011	1.81850
5	683	491046.880	221137.556	2.22055	1.408e+011	7.083e+010	1.98786
6	2731	245597.410	110568.778	2.22122	3.632e+010	1.750e+010	2.07543
7	10923	122807.952	55284.389	2.22139	9.246e+009	4.349e+009	2.12601
8	43691	61405.1319	27642.1945	2.22143	2.348e+009	1.084e+009	2.16605
9	174763	30702.7105	13821.0973	2.22144	5.917e+008	2.706e+008	2.18662
10	699051	15351.3733	6910.5486	2.22144	1.486e+008	6.759e+007	2.19855
11	2796203	7675.68890	3455.27432	2.22144	37301192.6	16890656.8	2.20839
12	11184811	3837.84473	1727.63716	2.22144	9343524.73	4221855.13	2.21313
13	44739243	1918.92240	863.81858	2.22144	2338687.25	1055362.63	2.21600
14	178956971	959.461205	431.909290	2.22144	585243.442	263828.012	2.21828
15	715827883	479.730603	215.954645	2.22144	146382.314	65955.422	2.21941

层次	单元 个数	最大边长 /m	最小边长 /m	最大最小 边长比	最大面积 /m²	最小面积 /m²	最大最小 面积比
16	2863311531	239.865302	107.977322	2.22144	36606.5929	16488.6580	2.22011
17	1.145e+010	119.932651	53.988661	2.22144	9153.88316	4122.13980	2.22066
18	4.581e+010	59.9663254	26.9943306	2.22144	2288.75016	1030.53186	2.22094
19	1.833e+011	29.9831627	13.4971653	2.22144	572.230616	257.632580	2.22111
20	7.330e+011	14.9915814	6.74858270	2.22144	143.066386	64.4080970	2.22125
21	2.932e+012	7.49579068	3.37429133	2.22144	35.7676880	16.1020181	2.22132
22	1.173e+013	3.74789534	1.68714566	2.22144	8.94209030	4.02550378	2.22136
23	4.691e+013	1.87394767	0.84357283	2.22144	2.23555659	1.00637585	2.22139
24	1.876e+014	0.93697383	0.42178642	2.22144	0.55889341	0.25159395	2.22141
25	7.506e+014	0.46848692	0.21089321	2.22144	0.13972406	0.06289849	2.22142
26	3.002e+015	0.23424346	0.10544660	2.22144	0.03493116	0.01572462	2.22143
27	1.201e+016	0.11712173	0.05272330	2.22144	0.00873281	0.00393116	2.22143
				<2.23			<2.23

2.2.2　DQG 单元的几何变形与特征分析

由表 2.1 中可知，随着格网剖分层次的不断增加，球面 DQG 剖分单元的最大、最小边长比与最大、最小面积比均呈增大的趋势，但增幅越来越小，最终都收敛到 2.22 左右（如图 2.5 所示）。而球面 QTM 最终分别收敛到 1.73 和 1.86 左右，均不超过 1.90 [赵学胜等，2005]。尽管 DQG 的格网变形比 QTM 略大，但同样具有收敛性，具有几何变形稳定的特征。这一特点使其在递归剖分中同样地能够保持 DQG 格网的近似均匀性。

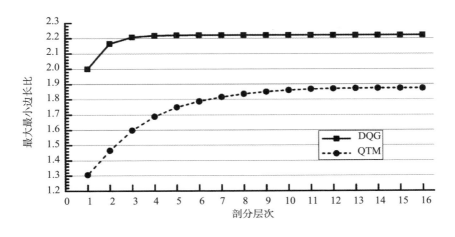

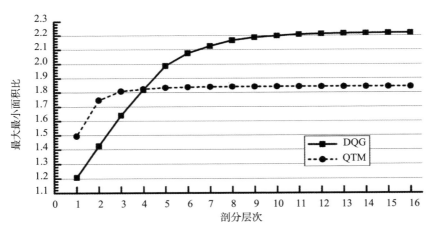

图 2.5　变形比值在不同层次的变化

2.3　格网编码规则及行列定义

DQG 格网编码由两部分组成，即八分体编码和八分体内的格网地址码。八分体编码由一个八分码 D（0~7）进行表示，其标识规则如图2.6所示。

$D = 0$，1，2，3 $0° \leq \phi \leq 90°$，即北半球；

$D = 4$，5，6，7 $-90° \leq \phi < 0°$，即南半球；

$D = 0$，4 $0 \leq \phi < 90°$；

$D = 1$，5 $90° \leq \phi < 180°$；

$D = 2$，6 $180° \leq \phi < 270°$；

$D = 3$，7 $270° \leq \phi < 360°$。

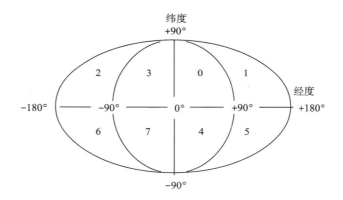

图2.6 球面八分体标识规则

    根据DQG格网在八分体内的位置确定格网地址码。如图2.7所示，八分体内顶三角形为0，左下、右下四边形的编码为2和3；格网细分时，三角形剖分地址码与八分体初始剖分单元的编码方法相同，四边形剖分子格网的地址码规则为：左上、右上子格网编码分别为0和1，左下、右下的编码分别为2和3。这样生成的编码具有固定的方向性（如图2.7（b）所示），有利于格网单元的邻近搜索及坐标转换；重复上述的过程即可完成DQG格网编码。每个DQG格网编码可用一个四进制Morton码进行标识；

当剖分层次每增加一层时，对应的 Morton 码增加一位（如公式2.3 所示）。

$$\text{Morton} = q_1 q_2 q_3 \cdots q_k = q_1 \cdot 10^k + q_2 \cdot 10^{k-1} + \cdots + q_k \quad (2.3)$$

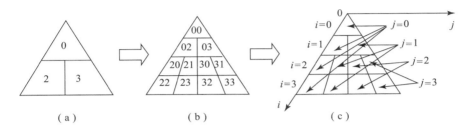

（a）　　　　　（b）　　　　　（c）

图 2.7　DQG 的 Morton 码编码规则及行列定义

除了编码外，格网的行列号也是确定格网位置的重要依据。DQG 格网的行列定义规则如下（以 0 单元八分体为例）：行 i 是自极点向赤道剖分单元的个数，列 j 是从经度 0° 开始自西向东各行剖分单元的个数，行号和列号分别向下和向右方向上递增，两坐标轴相交于原点 O，如图 2.7（c）所示，即在顶三角形剖分单元处的行、列号都为 0。

2.4　DQG 格网编码与经纬度坐标转换算法

在 DQG 结构中，格网位置是用编码隐性表达的，而目前绝大多数球面地理数据是以经纬度坐标为基础的。所以，如何实现编码与经纬度坐标的转换已成为 DQG 格网研究的首要问题。随着全球性问题研究的兴起，球面多分辨率数据的频繁处理操作对格网编码与经纬度坐标转换算法提出了更高的要求［赵学胜，陈军，2003］。格网编码与经纬度坐标转换的速度已成为影响系统效率的主要因素之一。为此，本节围绕 DQG 格网坐标系统的定义、格网编码与经纬度坐标系统的转换等问题展开讨论。

2.4.1　基于 DQG 的全球统一坐标系统

DQG 格网构建时，需要确保每个 DQG 格网具有唯一对应的格网编码，每个 DQG 格网空间位置与格网编码一一对应。格网空间位置通常用格网中心点的经纬度坐标进行表示；若能建立 DQG 格网中心点经纬度坐标与格网编码的对应关系（如图 2.8 所示），则能确定编码对应格网的空间位置；即任意一个 DQG 地址码，存在一组经纬度坐标（在一定的精度范围内）与之相对应；反之，任意一对经纬度坐标有且只有一个格网单元地址码与之相对应。这样才能保证 DQG 格网是一个全球层次坐标系统，球面上任意实体空间位置的定义和描述都纳入该层次格网系统，能够实现全球数据的统一管理和操作。

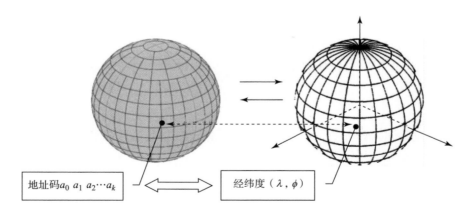

图 2.8　DQG 地址码与经纬度的对应关系

2.4.2　现有坐标转换算法评述

目前，全球离散格网（以四元三角格网为例）地址码与经纬度坐标转换算法主要有"ETP 投影法"［Goodchild & Yang，1992］、"ZOT 投影法"［Dutton，1996］和"行列逼近法"［赵学胜，陈军，2003］等。赵学胜等［2003］已对上述"ETP 投影法"和"ZOT 投影法"进行了分析评价，为使坐标转换的速度更快，提出了行列逼近算法。该算法的基本原理是：在格网编码向经纬度坐标转换时，首先根据格网地址码和层次求出行码 i，再用格网地址码和行码 i 求列码 j，最后应用 (i, j) 算出对应的经纬度 $(\varphi,$ $\lambda)$，如图 2.9（a）所示；在经纬度坐标向格网编码转换时，首先把经纬度坐标 (φ, λ) 转换为位置所在的行和列 (i, j)，然后根据 (i, j) 进行递归逼近，逐层次地得出格网编码，如图 2.9（b）所示。虽然该算法相对上述两种算法在转换速度方面有较大的提高，但由于该算法是以 QTM 三角格网为基础，三角格网几何结构复杂，格网的方向不确定性及不对称性使得坐标转换异常复杂。

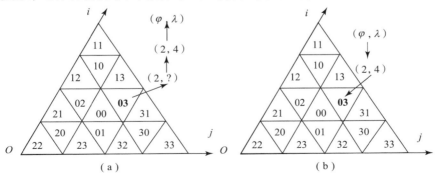

图 2.9　行列逼近法转换原理示意图

2.4.3　DQG 编码与经纬度坐标转换的实现过程

2.4.3.1　格网编码向经纬度坐标转换算法

DQG 格网编码转换为经纬度坐标的实现过程如下：

（1）由格网编码确定格网的剖分层次 level、八分码 D 以及 Morton 码；

（2）由剖分层次和 Morton 码得到经、纬差（单位：度）。

纬差：
$$\Delta B = \frac{\pi}{2 \times 2^{\text{Level}}} \tag{2.4}$$

经差：
$$\Delta L = \frac{\pi}{2 \times 2^{\text{Level}-n}} \tag{2.5}$$

其中 n 表示 Morton 码中从左第 1 位起至遇到非 0 时 0 的个数，$\pi = 180°$。

（3）由 Morton 码推算格网单元的行列号 I、J，计算方法可参见文献［郭达志，2002］。

（4）由行列号 I、J 及经、纬差确定格网相对于该八分体左下角的经纬度差值（单位：度）。

经度：
$$L = \Delta L \times J + \frac{\Delta L}{2} \tag{2.6}$$

纬度：
$$B = \frac{\pi}{2} - \Delta B \times I - \frac{\Delta B}{2} \tag{2.7}$$

（5）根据八分码按图 2.6 求出格网的经纬度值（单位：度），并加上经纬度所在位置的标识码（E 或 W、N 或 S）。

在 0 号八分体内：经度 $L_0 = L$，纬度 $B_0 = B$；

在 1 号八分体内：经度 $L_1 = L + \pi/2$，纬度 $B_1 = B$；

在 2 号八分体内：经度 $L_2 = L - \pi$，纬度 $B_2 = B$；

在 3 号八分体内：经度 $L_3 = L - \pi/2$，纬度 $B_3 = B$；

在 4 号八分体内：经度 $L_4 = \pi/2 - L$，纬度 $B_4 = -B$；

在 5 号八分体内：经度 $L_5 = \pi - L$，纬度 $B_5 = -B$；

在 6 号八分体内：经度 $L_6 = -L - \pi/2$，纬度 $B_6 = -B$；

在 7 号八分体内：经度 $L_7 = -L$，纬度 $B_7 = -B$。

2.4.3.2 经纬度坐标向格网编码转换算法

经纬度坐标转换为 DQG 编码的实现过程如下：

（1）由八分体标识码、经度得到格网八分码 D；

（2）由八分码、经纬度得到相对于该八分体左下角的经纬度差值（单位：度），计算过程可参考格网编码向经纬度坐标转换算法中的步骤（5）。

（3）依据格网剖分层次 Level 求出纬差（单位：度），计算公式可参见公式（2.4）。

（4）由层次、纬度及纬差求出行号 I。

$$\text{行号：} \quad I = 2^{\text{Level}} - \text{int}\left(\frac{B}{\Delta B}\right) - 1 \qquad (2.8)$$

（5）由行号求出经差（单位：度），计算公式可参见公式（2.5）。

（6）由经度与经差求出列号。

$$\text{列号：} \quad J = \text{int}\left(\frac{L}{\Delta L}\right) \qquad (2.9)$$

（7）由行列号转换成四进制 Morton 码，计算方法可参见文献 ［郭达志，2002］。

（8）根据八分码及 Morton 码求出格网编码（地址码）。

2.4.4 效率对比实验与分析

本节利用实验分析了 DQG 格网转换算法、ETP 投影法、ZOT 投影法和行列逼近算法的转换效率。以 Visual C++ 6.0 作为基础开发平台设计相关实验，实验的具体步骤如下：

（1）随机生成一个含 1 000 000 个 DQG 格网单元地址码的二进制数据文件 file；

（2）应用 DQG 地址码转换成经纬度坐标算法计算出所用时间消耗 t1，得到一个转换后的二进制经纬度坐标数据文件 file1；

（3）应用经纬度坐标转换成 DQG 地址码算法计算出所用时间消耗 t2，并得到一个转换后的二进制 DQG 地址码数据文件 file2；

（4）检查 file 与 file2 是否完全相同，如果相同则表明转换正确，进行步骤5，否则寻找原因并纠正，重新返回步骤1；

（5）为了分析各转换算法的效率情况，计算出本算法与其他三种算法的耗时比，结果如表 2.2 所示。

表 2.2 转换算法效率对照表

	本算法/s	行列逼近法/s	本算法/行列逼近法	ZOT投影法/s	本算法/ZOT投影法	ETP投影法/s	本算法/ETP投影法
地址码→经纬度	3.75	7.91	47.41%	7.93	47.29%	38.66	9.7%
经纬度→地址码	2.36	4.01	58.85%	7.93	29.76%	59.38	3.97%

从表 2.2 中可知，对于 1 000 000 个 DQG 格网单元，地址码转换为经纬度坐标的平均耗时量之比分别为 47.41%、47.29% 与 9.7%；经纬度坐标转换为地址码的平均耗时量之比分别为 58.85%、29.76% 与 3.97%。

2.5　本章小结

◇ 提出了一种基于退化四叉树的全球离散格网构建方法，给出 DQG 剖分的实现过程，并分析了 DQG 格网几何变形特征。

◇ 给出 DQG 全球统一坐标系统的定义，设计了 DQG 单元地址码与经纬度坐标转换算法，与 ETP 投影法、ZOT 投影法和行列逼近算法进行了对比试验，结果表明 DQG 格网的转换效率更高。

◇ 由剖分方法和几何变形分析可知：

1) DQG 结构简单：除顶三角形外，其余都为四边形，随着剖分层次的增加，剖分单元趋近于矩形单元，可以直接利用以经纬度格网为参考系的各种数据源；

2) DQG 几何变形稳定：格网单元的最大、最小边长比与最大、最小面积比均呈收敛的趋势，最终都收敛到 2.22 左右；

3) DQG 具有方向一致性、径向对称性、平移相和性和数据可转移性等特性，有利于层次索引、邻近搜索、坐标转换以及多分辨率的数据组织及压缩存储等操作。

3

邻近搜索算法及其效率分析

在全球离散格网的多尺度数据管理中，格网编码的邻近搜索是空间聚类、索引 [Bartholdi & Goldsman，2001]、范围查询和动态扩张 [Lee & Samet，2000；Chen，Zhao & Li，*et al*，2003] 等空间操作的基础，已成为全球离散格网研究中的关键问题之一 [Gold & Mostafavi，2000]。本章在分析 DQG 格网邻近特征的基础上，研究探讨 DQG 格网邻近搜索方法。

3.1 格网单元邻近搜索意义

地理空间数据描述的对象在空间上都是二维的，而计算机系统只能存储管理一维数据。通常需要利用空间填充曲线将二维空间对象转换成一维数据进行存储。这必然会破坏空间格网单元的邻近性，无法保证任意两个空间邻近的格网单元也存储在计算机磁盘相邻的位置。聚类分析、缓冲区分析、平滑滤波处理等空间操作均要使用格网及其邻近格网单元的数据和信息。为此，格网邻近搜索已成为全球离散格网研究中的关键问题之一。

根据球面格网单元形状特点（图3.1），现有球面格网单元邻近搜索算法主要包括：①三角形单元：基于 Bartholdi 连续 Quaternary 编码的坐标计算邻近搜索以及分解邻近搜索；②六边形单元：HQBS 单元邻近搜索［Tong，*et al*，2013］；③四边形单元：正方形或菱形格网单元邻近搜索。按照格网单元的邻近关系类型不同，可分为初始剖分面内的格网单元邻近搜索（简称内部格网单元邻近搜索）、跨越初始剖分面的格网单元邻近搜索（简称边缘格网单元邻近搜索）以及不同剖分层次格网的邻近查询。

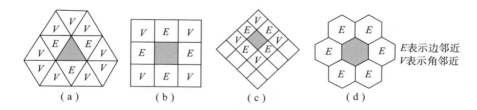

图3.1　各种几何结构格网单元邻近单元示意图

（a）三角形；（b）正方形；（c）菱形；（d）六边形

3.2　同一层次 DQG 格网邻近搜索算法

3.2.1　邻近单元的定义与分类

球面 DQG 格网邻近单元的定义为：具有公共边的称为边邻近（Edge – Adjacent）格网；只有公共顶点的称为角邻近（也称顶点邻近，Vertex – Adjacent）格网。不同位置 DQG 格网单元的邻近特征各不相同，为此，根据 DQG 格网的位置将 DQG 格网分成七种不同的类型（如图 3.2 所示），分别讨论格网邻近搜索方法。

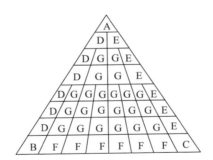

图 3.2　DQG 邻近搜索分类

（1）顶角三角形（A）——最上面的三角形单元；

（2）左角四边形（B）——底边左四边形，包括首次剖分时位于三角形底边界左下角处的特殊情况和普通左角四边形；

（3）右角四边形（C）——底边右四边形，包括首次剖分时位于三角形底边界右下角处的特殊情况和普通右角四边形；

（4）左边界四边形（D）——除顶角三角形和底边左四边形外的左边四边形；

（5）右边界四边形（E）——除顶角三角形和底边右四边形外的右边四边形；

（6）底边界四边形（F）——底边除左、右边界四边形外的四边形单元；

（7）内部四边形（G）——内部格网单元，全是四边形。

3.2.2　邻近搜索基本原理

对于一个给定的待邻近搜索的 DQG 单元，根据 DQG 单元地址码得到其剖分层次 Level（地址码的个数）、八分码 D（首位地址码）和四进制 Morton 码（除首位外的地址码）；每个八分体存在三个直接邻近的八分体，其邻近八分体编码 D 的计算公式如下 [Dutton, 1999]：

$$\text{East} - \text{Neighbor}(D) = (D+9)\bmod 4 + 4 \times (D\,\text{div}\,4)$$

$$\text{West} - \text{Neighbor}(D) = (D+7)\bmod 4 + 4 \times (D\,\text{div}\,4)$$

$$\text{North} - \text{Neighbor}(D) = (D+10-2\times(D\,\text{div}\,4))\bmod 4$$

$$\text{South} - \text{Neighbor}(D) = 8 - (D+10)\bmod 4 - 2\times((D+1)\bmod 2)$$

$$(3.1)$$

其中：mod 是取余运算符，div 是取整运算符。

在确定邻近八分体的八分码 D 后，DQG 格网邻近单元的搜索步骤如下：

1）由输入单元 Morton 码转换成所对应单元的行列号 I、J，计算方法可参见文献 [郭达志，2002]。

2）由所输入地址码的行列号 I、J 得到邻近单元的行列号，依据上述邻近格网的不同分类，其转换规则如表3.1所示。

表 3.1　不同搜索类型的行列号计算

	顶三角形	左角四边形	右角四边形	左边四边形	底边四边形	右边四边形	内部四边形
上边邻近	无	$(I-1, 0)$	$(I-1, J)$	$(I-1, 0)$	$(I-1, J)$	$(I-1, J)$	$(I-1, J-1)$
左边邻近	(I, J)	(I, J_{max})	$(I, J-1)$	(I, J_{max})	$(I, J-1)$	$(I, J-1)$	$(I, J-1)$
下边邻近	(I, J); $(I, J+1)$	(I, J_{max})	$(I, 0)$	$(I+1, 0)$ 或 $(I+1, 0)$; $(I+1, 1)$	$(I, J_{max}-J)$	$(I+1, J)$ 或 $(I+1, J)$; $(I+1, J-1)$	$(I+1, J)$
右边邻近	(I, J)	$(I, 1)$	$(I, 0)$	$(I, 1)$	$(I, J+1)$	$(I, 0)$	$(I, J+1)$
顶角邻近	(I, J)	无	无	无	无	无	无
左上角邻近	无	$(I-1, J_{max})$	$(I-1, J-1)$	$(I-1, J_{max})$	$(I-1, J-1)$	$(I-1, J-1)$	$(I-1, J-1)$
左下角邻近	$(I+1, J_{max})$	$(I, 0)$	$(I, 1)$	$(I+1, J_{max})$	$(I, J_{max}-J+1)$	$(I+1, J-1)$ 或 $(I+1, J-2)$	$(I+1, J-1)$
右下角邻近	$(I+1, 0)$	$(I, J_{max}-1)$	(I, J)	$(I+1, 1)$ 或 $(I+1, 2)$	$(I, J_{max}-J-1)$	$(I+1, 0)$	$(I+1, J+1)$
右上角邻近	无	$(I-1, 1)$	$(I-1, 0)$	$(I-1, 1)$	$(I-1, J+1)$	$(I-1, 0)$	$(I-1, J+1)$

其中，J_{max} 为行所对应的最大列号。

3）由邻近单元的行列号得到邻近单元的 Morton 码，具体计算参见文献［郭达志，2002］。最后，由邻近单元八分码及 Morton 码合成得到邻近单元的地址码。

3.2.3 效率对比实验与分析

为了分析邻近搜索算法的效率，笔者分别利用本节算法、Bartholdi 邻近搜索算法［Bartholdi & Goldsman，2001］和分解邻近搜索算法［孙文彬，2007］测试了格网邻近搜索所需时间。测试硬件环境配置为：CPU 为奔腾 IV2.2GHz，512MB 内存，80GB 硬盘。

由于前 4 层剖分格网单元数量少，且每个格网单元编码位数少，DQG 格网单元邻近搜索所需时间几乎为 0，故在本实验中不予考虑；而 14 层剖分格网单元的数目高达 178 956 971 个，所有格网单元的邻近搜索消耗时间多且无实际意义。因此，本实验只测试 5～13 层次 DQG 格网邻近搜索所需的时间，并用单位时间内完成邻近搜索的次数作为评判标准分析邻近搜索效率，结果如表 3.2 所示。该算法的搜索效率分别为 Bartholdi 邻近搜索算法和分解邻近搜索算法的 100 倍与 30 倍。

表 3.2　邻近搜索算法效率对照表

层次	搜索次数	总耗时/ms	平均 1ms 搜索的次数			算法效率比	
			本算法	Bartholdi 算法	分解算法	本算法/Bartholdi 算法	本算法/分解算法
5	5 431	15	362.07	9.41	26.72	38.48	13.55
6	21 783	31	702.68	7.99	22.85	87.94	30.75
7	87 255	110	793.23	6.77	20.32	117.17	39.04

层次	搜索次数	总耗时/ms	平均1ms搜索的次数			算法效率比	
			本算法	Bartholdi算法	分解算法	本算法/Bartholdi算法	本算法/分解算法
8	349 271	477	732.22	5.96	18.39	122.86	39.82
9	1 397 591	2 109	662.68	5.29	16.45	125.27	40.28
10	5 591 383	9 047	618.04	4.74	15.45	130.39	40.00
11	22 367 575	38 953	574.22	4.30	14.43	133.54	39.79
12	75 103 999	172 594	435.15	4.00	13.74	108.79	31.67
13	357 905 751	876 547	408.31	3.76	13.18	108.59	30.98

3.3 多层次邻近搜索算法

层次细节（Levels of Detail，LOD）技术是指在保证精度的前提下，对不断精细和复杂的模型数据进行动态调度并简化，选择不同细节程度对该模型数据进行实时绘制、网络传输等。LOD 技术能有效提高海量数据的操作效率，已被广泛地应用到全球离散格网 DEM 和影像数据的建模中。但 LOD 会导致邻近 DQG 格网的剖分层次不一致，增大了格网邻近搜索的复杂度。为了方便讨论，本节重点研究邻近格网剖分层次相差为 1 的邻近搜索算法。

可视化表达是 DQG 格网重要的应用之一，也是 LOD 模型应用最多的领域之一。本节拟以空间数据可视化表达中的多层次格网邻近搜索为例说明邻近搜索的实现过程。DQG 格网邻近单元的层次会随着视点的改变而变化。因此，DQG 格网多层次邻近单元搜索的关键在于如何实时确定邻近单元的层次。

3.3.1　LOD 层次的确定

在视点相关的 LOD 技术中，通常根据视点与球面形成的视野夹角、格网单元中心与视线方向的夹角确定 DQG 格网是否继续进行细分，即格网细分评价函数；依据该细分评价函数 ［许妙忠，2005］确定视野中格网单元的剖分层次。如图 3.3 所示，假设 α 为视点 P 与球面形成的夹角，点 T 为球面上某个格网单元的中心点，d 为点 T 所在格网单元的纬度差，点 T 与视线间的夹角为 β，根据公式（3.2）和公式（3.3）确定 DQG 格网的剖分层次。

$$f_1 = (90 - \alpha/2)/(d \times \lambda_1) \qquad (3.2)$$

$$f_2 = \beta \times (d \times \lambda_2) \qquad (3.3)$$

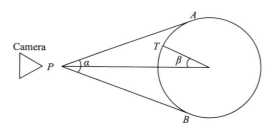

图 3.3　视点对 LOD 层次的影响

λ_1、λ_2 为控制模型层次变化程度系数，该系数可由用户自定义设定；取 $f = f_1 \times f_2$ 作为 LOD 模型的格网单元细分评价函数。当 $f < 1$ 时，DQG 格网满足细分条件，必须细分得到下一层次格网，否则绘制当前层次的格网即可。通过该函数能保证视野中心区域的格网剖分层次高，远离视点中心区域的格网剖分层次低，相邻格网单元间的层次差不超过 1，并且随着视距变化视野内的

格网层次也随之变化。

3.3.2　邻近单元层次确定

　　DQG 格网地址编码隐含着格网单元在球面上的位置，不同位置的格网单元有着不同的编码特征。DQG 格网都有边邻近和角邻近格网。每个初始八分体单元的格网邻近特征是类似的，本节以八分码 D 为 0 的八分体为例说明确定邻近格网剖分层次的规则。依据格网编码特征将 DQG 格网单元分为 5 类（如图 3.4 所示）：地址码编号都为 0 的球面三角形格网，该类格网位于极点区域；"0"号、"1"号、"2"号和"3"号四边形分别为地址码末尾编号为 0、2 和 3 的球面四边形格网，它们分别是由父格网剖分得到的左上、右上、左下和右下子格网。依据上述邻近格网的编码特征，邻近格网单元可能出现的剖分层次如表 3.3 所示（假设本单元的层次为 N）。

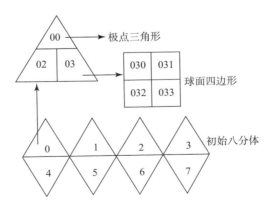

图 3.4　不同编码特征的格网单元分类

表 3.3　不同格网类型的可能邻近单元层次

	三角形	"0"号四边形	"1"号四边形	"2"号四边形	"3"号四边形
上边邻近	无	$N-1$ 或 N 或 $N+1$	$N-1$ 或 N 或 $N+1$	N 或 $N+1$	N 或 $N+1$
下边邻近	N 或 $N+1$	N 或 $N+1$	N 或 $N+1$	$N-1$ 或 N 或 $N+1$	$N-1$ 或 N 或 $N+1$
左边邻近	$N-1$ 或 N 或 $N+1$	$N-1$ 或 N 或 $N+1$	N 或 $N+1$	$N-1$ 或 N 或 $N+1$	N 或 $N+1$
右边邻近	$N-1$ 或 N 或 $N+1$	N 或 $N+1$	$N-1$ 或 N 或 $N+1$	N 或 $N+1$	$N-1$ 或 N 或 $N+1$
左上角邻近	无	$N-1$ 或 N 或 $N+1$	无 或 N 或 $N+1$	无 或 N 或 $N+1$	VN 或 $N+1$
右上角邻近	无	无 或 N 或 $N+1$	$N-1$ 或 N 或 $N+1$	N 或 $N+1$	无 或 N 或 $N+1$
左下角邻近	无 或 N 或 $N+1$	无 或 N 或 $N+1$	N 或 $N+1$	$N-1$ 或 N 或 $N+1$	无 或 N 或 $N+1$
右下角邻近	无 或 N 或 $N+1$	N 或 $N+1$	无 或 N 或 $N+1$	无 或 N 或 $N+1$	$N-1$ 或 N 或 $N+1$
顶角邻近	$N-1$ 或 N 或 $N+1$	无	无	无	无

　　根据表 3.3 确定邻近格网单元剖分层次的过程描述如下：首先假设邻近格网单元的层次为所可能出现的最低层次，并根据邻近关系搜索到其中心的经纬度，然后根据中心经纬度求出邻近单元所对应的细分评价函数值；若不满足继续细分条件，该最低层次即为邻近单元的层次；若满足继续细分条件，则对格网细分后再判断是否满足细分条件，直到不能再细分为止。

3. 3. 3　多层次邻近搜索的详细算法

视点移动时，视野内格网单元及其邻近单元的剖分层次都会实时改变。与单层次 DQG 格网的邻近搜索相比，DQG 多层次邻近搜索是一个动态的过程，即格网单元的邻近搜索每一帧都要进行动态计算。算法的实现过程如下：

输入：视野内某 DQG 格网单元 P 的地址码 A_1

Step1 由格网 P 的地址码 A_1 计算其剖分层次 N_0、Morton 码和格网中心经纬度坐标 (B, L)，计算方法可参见文献［赵学胜等，2007b］；

Step2 由 Morton 码计算所对应单元的行列号 I、J，计算方法可参见文献［侯妙乐，2005］；

Step3 由 P 的剖分层次 N_0、行号 I 计算格网纬度差 B_0、经度差 L_0；

Step4 由 P 的中心经纬度坐标 (B, L)、纬度差 B_0、经度差 L_0 以及细分评价函数依据 3.1 所述方法确定邻近单元的层次 N_1；

Step4. 1　IF 层次 $N_1 = N_0 - 1$

按表 3.4 所述规则和单元 P 的行列号 I、J 计算得到邻近单元的行列号；

Step4. 2　IF 层次 $N_1 = N_0$

按文献［Amiri, *et al*, 2013］所述规则和单元 P 的行列号 I、J 计算得到邻近单元的行列号；

Step4. 3　IF 层次 $N_1 = N_0 + 1$

按表 3.1 所述规则和单元 P 的行列号 I、J 计算得到邻近单元的行列号；

Step5 由邻近单元剖分层次、行列号得到邻近单元的 Morton 码，是 Step2 的逆过程，计算方法参见文献［侯妙乐，2005］；

Step6 由邻近单元 Morton 码及八分码合成得到邻近单元的地址码；

输出：邻近单元的地址码。

需要注意的是，表 3.4 和表 3.5 只考虑了 0 单元初始八分体内部四边形的邻近单元行列号转换，而对于边缘四边形格网单元（包括左边缘、右边缘、左底角和右底角四边形格网），由于其邻近搜索可能会跨越多个初始八分体，故其行列号转换需进行特殊处理：

（1）左边缘四边形格网：搜索其左边、左上角和左下角邻近格网时，行号转换规则不变，列号转换为其所在行的最大列号。

（2）右边缘四边形格网：搜索其右边、右上角和右下角邻近格网时，行号转换规则不变，列号转换为 0。

（3）左底角四边形格网：搜索其左边和左上角邻近格网时，行号转换规则不变，列号转换为其所在行的最大列号；搜索其左下角、下边和右下角邻近格网时，行号转换为其所在层次的最大行号，左下角邻近的列号转换为 0，下边和右下角邻近的列号转换为所在行最大列号减去按表 3.4 和表 3.5 转换得到的列号。

（4）右底角四边形格网：搜索其右边和右上角邻近格网时，行号转换规则不变，列号转换为 0；搜索其右下角、下边和左下

表 3.4　邻近单元层次低 1 时不同格网类型的行列号转换规则

	三角形	"0"号四边形	"1"号四边形	"2"号四边形	"3"号四边形
上边邻近	无	$(I/2-1,\ \mathrm{INT}(J/4))$ 或 $(I/2-1,\ J/2)$	$(I/2-1,\ \mathrm{INT}(J/4),\ \mathrm{INT}(J/2))$ 或 $(I/2-1,\ \mathrm{INT}(J/2))$	\	\
下边邻近	\	\	\	$(\mathrm{INT}(I/2)+1,\ J/2)$ 或 $(\mathrm{INT}(I/2)+1,\ J)$	$(\mathrm{INT}(I/2)+1,\ \mathrm{INT}(J/2))$ 或 $(\mathrm{INT}(I/2)+1,\ J)$
左边邻近	$(I,\ J)$	$(I/2,\ J/2-1)$	\	$(\mathrm{INT}(I/2),\ J/2-1)$	\
右边邻近	$(I,\ J)$	\	$(I/2,\ \mathrm{INT}(J/2)+1)$	\	$(\mathrm{INT}(I/2),\ \mathrm{INT}(J/2)+1)$
左上角邻近	无	无或 $(I/2-1,\ J/4-1)$ 或 $(I/2-1,\ J/2-1)$	无	无	\
右上角邻近	无	无	无或 $(I/2-1,\ \mathrm{INT}(J/4)+1)$ 或 $(I/2-1,\ \mathrm{INT}(J/2)+1)$	\	无
左下角邻近	无	无	\	$(\mathrm{INT}(I/2)+1,\ J/2-1)$ 或 $(\mathrm{INT}(I/2)+1,\ J-1)$	无或 $(\mathrm{INT}(I/2)+1,\ J-1)$
右下角邻近	无	\	无	无或 $(\mathrm{INT}(I/2)+1,\ J+1)$	$(\mathrm{INT}(I/2)+1,\ \mathrm{INT}(J/2)+1)$ 或 $(\mathrm{INT}(I/2)+1,\ J+1)$
顶角邻近	$(I,\ J)$	无	无	无	无

注："无"表示无此种邻近单元；"\"表示邻近单元层次不可能比本单元低 1；INT 为取整运算。

表 3.5 邻近单元层次高 1 时不同格网类型的行列号转换规则

	三角形	"0" 号四边形	"1" 号四边形	"2" 号四边形	"3" 号四边形
上边邻近	无	$(2I-1, 2J)$；$(2I-1, 2J+1)$ 或 $(2I-1, J)$	$(2I-1, 2J)$；$(2I-1, 2J+1)$ 或 $(2I-1, J)$	$(2I-1, 2J)$；$(2I-1, 2J+1)$	$(2I-1, 2J)$；$(2I-1, 2J+1)$
下边邻近	$(I+2, J)$；$(I+2, J+1)$；$(I+2, J+2)$；$(I+2, J+3)$	$(2I+2, 2J)$；$(2I+2, 2J+1)$	$(2I+2, 2J)$；$(2I+2, 2J+1)$	$(2I+2, 2J)$；$(2I+2, 2J+1)$ 或 $(2I+2, 4J)$；$(2I+2, 4J+1)$；$(2I+2, 4J+2)$；$(2I+2, 4J+3)$	$(2I+2, 2J)$；$(2I+2, 2J+1)$ 或 $(2I+2, 4J)$；$(2I+2, 4J+1)$；$(2I+2, 4J+2)$；$(2I+2, 4J+3)$
左边邻近	(I, J)；$(I+1, 1)$	$(2I, 2J-1)$；$(2I+1, 2J-1)$	$(2I, 2J-1)$；$(2I+1, 2J-1)$	$(2I, 2J-1)$；$(2I+1, 2J-1)$	$(2I, 2J)$；$(2I+1, 2J+1)$
右边邻近	(I, J)；$(I+1, 0)$	$(2I, 2J+2)$；$(2I+1, 2J+2)$	$(2I, 2J+2)$；$(2I+1, 2J+2)$	$(2I, 2J+2)$；$(2I+1, 2J+2)$	$(2I, 2J+2)$；$(2I+1, 2J+2)$
左上角邻近	无	$(2I-1, 2J-1)$ 或 $(2I-1, J-1)$	$(2I-1, 2J-1)$ 或 $(2I-1, J-1)$	$(2I-1, 2J-1)$	$(2I-1, 2J-1)$ 或 $(2I-1, J-1)$
右上角邻近	无	$(2I-1, 2J+2)$ 或 $(2I-1, J+1)$	$(2I-1, 2J+2)$ 或 $(2I-1, J+1)$	$(2I-1, 2J+2)$ 或 $(2I-1, J+1)$	$(2I-1, 2J+2)$

续表

	三角形	"0"号四边形	"1"号四边形	"2"号四边形	"3"号四边形
左下角邻近	$(I+2, 3)$	$(2I+2, 2J-1)$	$(2I+2, 2J-1)$	$(2I+2, 2J-1)$ 或 $(2I+2, 4J-1)$	$(2I+2, 2J-1)$ 或 $(2I+2, 4J-1)$
右下角邻近	$(I+2, 0)$	$(2I+2, 2J+2)$	$(2I+2, 2J+2)$	$(2I+2, 2J+2)$ 或 $(2I+2, 4J+4)$	$(2I+2, 2J+2)$ 或 $(2I+2, 4J+4)$
顶角邻近	(I, J)	无	无	无	无

注："无"表示无此种邻近单元。

角邻近格网时，行号转换为其所在层次的最大行号，右下角邻近的列号转换为所在行的最大列号，下边和左下角邻近的列号转换为所在行最大列号减去按表 3.4 和表 3.5 转换得到的列号。

3.3.4　实验与分析

为了验证算法的正确性和效率，作者将本节提出的算法与 DQG 单层次邻近搜索算法进行了对比实验，实验利用 C#语言和 DirectX 三维图形接口构建系统平台。实验的硬件环境配置为：CPU 为英特尔 Core P7450 2.13 GHz，2 GB 内存，320 GB 硬盘。

实验中，固定视点位置，通过改变控制模型层次变化程度的系数 λ_1、λ_2 改变视野内的格网单元剖分层次。实验时，首先依据视点位置及细分评价函数确定视野中心格网，然后从视野中心格网开始，分别用本节算法以及 DQG 单层次邻近搜索算法 [Amiri, *et al*, 2013] 搜索周围格网，直到搜索到的格网不再位于视野区域为止。图 3.5（a）为实验系统中全球远距离 LOD 格网视图（$\lambda_1 = 5$，$\lambda_2 = 3$），表 3.6 为对比实验的数据。由图 3.5（a）可以看出，实验系统视野中心格网层次最高，向外逐渐降低，符合人眼对视野中心具有更高关注度的视觉特点。从表 3.6 可以看出，多层次模型极大减少了可视化渲染格网数目（层次为 11 时，实验模型的格网简化效率接近 80%）；相同区域的格网单元邻近搜索时，多层次搜索的耗时成本约为单层次搜索的 1/3。

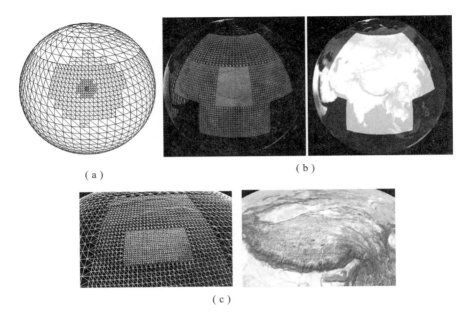

（a）　　　　　　　　　　　　　　（b）

（c）

图 3.5　基于 DQG 的全球多分辨率模型

（a）LOD 格网模型视图（$\lambda_1=5$，$\lambda_2=3$）；（b）全球远距离地形视图及地形网格

（$\lambda_1=2$，$\lambda_2=2$）；（c）局部地区地形视图及地形网格（$\lambda_1=2$，$\lambda_2=2$）

表 3.6　搜索效率对照表

λ_1	λ_2	最高层次	DQG 多层次搜索		DQG 单层次搜索		简化效率/%
			格网数	耗时/ms	格网数	耗时/ms	
3	3	5	142	7	378	13	62.43
5	5	6	464	24	1 431	64	67.58
8	6	7	1 735	107	5 547	283	68.72
9	8	8	5 921	406	21 888	1 303	72.95
13	13	9	21 227	1 652	86 897	4 993	75.57
15	15	10	81 086	7 029	346 371	20 104	76.59
18	18	11	314 964	27 562	1 377 794	80 089	77.14

在 DQG 多层次邻近搜索算法的基础上，利用实验模型进行了全球多分辨率地形实时可视化表达。实验数据为美国地质调查局（USGS）1996 年发布的 GTOPO30 数据（分辨率为 30 秒，下载网站：ftp：//edcftp. cr. usgs. gov/data/gtopo30/global/）。由图 3.5 可以看出，利用 DirectX 三维渲染引擎、本节构建的多分辨率模型和格网加密策略（四边形格网按线性四叉树剖分方法加密，三角形格网按退化四叉树剖分方法加密）实现了全球地形实时渲染，取得良好的绘制效果。此外，在可视化过程中，笔者利用边界检测和改变修改 DEM 格网构网方式消除了不同层次格网间的缝隙问题，结果如图 3.5（b）和 3.5（c）所示。可视化渲染的平均刷新帧率达到 60 帧/s，能够满足实时渲染可视化的要求。这也证明了本节的邻近搜索算法能满足实时计算的需要。

3.4　本章小结

◇ 分析 DQG 单元的邻近特征，详细给出了一套 DQG 单元邻近搜索的详细算法，结果表明：该算法与传统 Bartholdi 算法和分解算法相比，其平均搜索效率分别提高了 100 和 30 倍。

◇ 通过分析 DQG 格网单元的编码规则，给出多层次邻近搜索的五种类型，并设计出一套邻近单元层次差不超过 1 的多层次邻近搜索详细计算规则，实现了 DQG 格网单元的动态多层次邻近搜索。

4

基于球面 DQG 的数字高程建模

地形是空间数据分布和实体显示的自然本底和载体 [Hutchinson & Gallant，2004]，实时逼真地可视化表达整个地球表面是地学及空间信息等学科研究的重点问题之一［赵学胜等，2007a]。近年来国内外学者对此进行了深入的探索，主要方法包括：基于经纬度格网和四元三角网 QTM ［赵学胜等，2007b；白建军，2005］的全球地形可视化建模。经纬度格网解决了整个地球表面的连续可视化表达问题，但经纬度格网单元的面积变化较大，没有顾及地形起伏特征，产生了大量的冗余数据，极大地影响全球地形的可视化操作效率。QTM 几何结构较为复杂，最大的缺点是方向不确定性及不对称性，而且其邻近关系随着位置的不同而发生变化，导致邻近搜索与坐标转换等操作复杂，同样极大地影响全球地形的可视化操作效率。为克服上述两种格网的不足，本章详细给出了基于球面 DQG 的数字高程建模算法，并应用美国地质调查局（USGS）提供的 GTOPO30 全球地形数据进行相关实验和分析。

DEM 是一种对空间地表起伏变化的连续表示方法，可以用来描述地形的变化和空间对象的高程信息，已在土木、规划、资源管理、地球科学以及军事研究等领域得到了广泛的应用。DEM 通常采用 TIN（Triangulted Irregular Network）、Grid 形式进行存储和管理。由于 TIN 存储数据结构复杂、数据查询检索效率低，只适用于小区域 DEM。Grid 是用一组有序数值阵列形式表示地面高程，是大区域乃至全球性 DEM 数据存储和管理的主要形式。GTOPO30、SRTM、ASTER GDEM 等全球范围的 DEM 数据均是采用似 Grid 格式（经纬度格网）进行存储管理。Grid 形式的 DEM 存在大量的数据冗余，在地形平坦区域数据冗余问题尤为突出。而层次结构的数据组织方式是降低 DEM 数据冗余的有效途径之一。与传统的经纬度格网相比，DQG 格网能有效减少数据的冗余度，又具有良好的层次结构，方便构建地形 LOD 模型。本章重点讨论基于 DQG 的 DEM 简化（层次细节）模型构建方法和多分辨率 DEM 模型的缝隙消除策略。

4.1　地形四叉树模型

四叉树（quadtrees）是一种应用最广泛的层次结构，也是构建 LOD 最常用的模型之一。DQG 是典型的球面层次结构，也是一种退化的四叉树结构，能连续无缝的覆盖整个球面空间，是构建全球地形 LOD 模型的理想结构体。本节针对四叉树层次分割方法、米字形和非米字形 DQG 格网三角化等问题进行深入分析讨论。

4.1.1　四叉树的层次分割

Grid 数字地面高程层次模型与四叉树数据结构具有天然的一致性，可用四叉树结构存贮管理 DEM 数据，每个树节点都对应着一个矩形区域的 DEM。四叉树层次越高，树包含的节点越少，表示的 DEM 分辨率越粗，地形可视化表达时绘制效率越高；反之，四叉树层次越低，树包含的节点越多，表示的 DEM 越精细，地形可视化渲染效率越低。因此，基于四叉树的 DEM 管理与可视化表达需在绘制效率和地形精细程度间寻找适当的平衡点，在满足给定 DEM 误差阈值的基础上动态地选择地形节点，从而实现地形模型的连续多分辨率表示［李亚臣等，2007］。

四叉树分割是指将地理空间进行递归四分，即将一个区域分割成四个子区域，每个子区域继续分割，直到子区域大小达到设定值为止。该方法为自上而下的四叉树分割；也可采用先细分再合并的方法，为自下而上的四叉树分割［Lee & Hoppe，2000；Sabin，2004］。依据四叉树分割方式可构建地形四叉树结构，具体实现过程如下：规则格网作为 DEM 组织和表达的基本单元，根据地形粗糙度判定区域是否需要进行分割，采用自上而下方式构建地形四叉树。

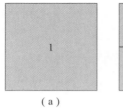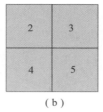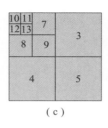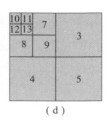

（a）　　　　　　　（b）　　　　　　　（c）　　　　　　　（d）

图 4.1　基于四叉树的地形分割过程

（a）原始格网；（b）格网 1 划分为四部分；

（c）格网 2 划分为四部分；（d）格网 6 划分为四部分

4.1.2　米字形结构

地形四叉树结构每个树节点都对应一个矩形。由于空间四边形存在非共面的情况，因此，在 DEM 可视化时需将四叉树每个矩形节点进行三角化，即将每个矩形通过一定的剖分方式转换成若干个三角形，常用的剖分方式包括：米字形和非米字形。

将属于同一个父节点的四个子区域按照图 4.2 方式分成 *NE*，*NW*，*WN*，*WS*，*SW*，*SE*，*ES*，*EN* 等八个三角形，该三角化方式为米字形结构。若北 *N* 方向相邻两个三角形 *NE* 和 *NW* 高程相等或相近，则合并 *NE* 和 *NW* 可得到简化格网 *N*，如图 4.3 所示；其

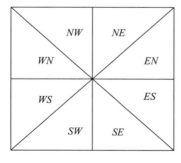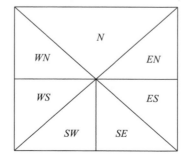

图 4.2　四叉树格网单元的八个方向　　　　**图 4.3　北 *N* 方向简化**

他方向格网采用类似的原则进行合并简化，结果如图 4.4、图
4.5、图 4.6 所示。若所有四个方向的三角形都能进行合并简化，
则能生成如图 4.7 的简化格网单元。

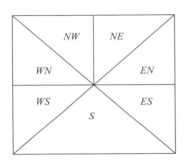

图 4.4　南 S 方向简化

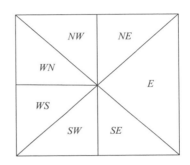

图 4.5　东 E 方向简化图

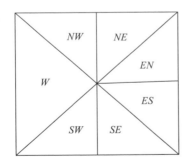

图 4.6　西 W 方向简化

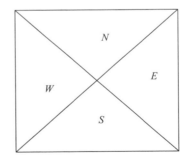

图 4.7　四叉树格网单元的四个方向

4.1.3　非米字形格网结构

图 4.8 为非米字形地形格网三角化结构。非米字形结构不利
于四叉树格网的简化。如图 4.8 所示，非米字形四叉树格网 1 被

分为 A、B 两个三角形，若 A、B 满足格网的简化条件，但它们无法进行合并；只有当图 4.8 中八个三角形（或对角线上、下两侧的四个三角形）同时满足合并简化条件时，非米字形结构中的三角形才能进行合并。而米字形结构有助于格网的合并简化；如图 4.9 所示，当 NW 和 NE 两个三角形满足简化条件时，则可将它们简化为三角形 AOD。由此可见，尽管非米字形结构的方向具有一致性，但该结构合并简化条件要求高，不利于三角化后格网的合并简化，因此本章选择米字形结构作为四叉树节点三角化的基本形式。图 4.10（a）、图 4.10（b）分别表示采用非米字形和米字形结构划分单个八分体的效果图。

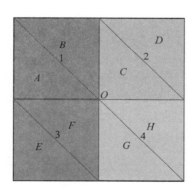

图 4.8　非米字形方向一致的
四叉树格网

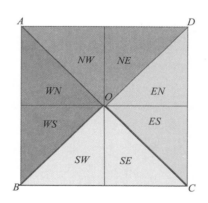

图 4.9　米字形四叉树格网

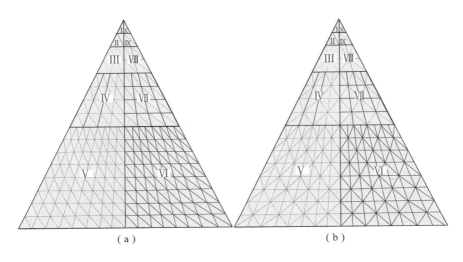

图 4.10   八分体剖分（剖分为三角形）四层

（a）非米字形方向一致的四叉树格网；（b）米字形四叉树格网

4.2   DQG 格网点的高程内插计算

现有全球 DEM 数据多采用经纬度格网形式进行存储。DQG 格网和经纬度格网中心不一定重合，无法直接获取每个 DQG 格网的高程值。而插值是利用空间邻近的若干个已知点来推断未知点最或然值的有效手段。因此，如何利用 DEM 插值获取 DQG 格网高程值已成为基于 DQG 的 DEM 建模研究的首要问题。

4.2.1   DEM 内插方法概述

内插是数字高程模型的核心问题。DEM 内插是根据若干相邻

参考点的高程值求出待定点的高程值，在数学上属于插值问题
[李志林等，2003]。内插的中心问题在于邻域确定和插值函数的
选择。任意一种内插方法都是基于原始地形起伏变化的连续光滑
性，或者说邻接数据点间的相关性，才可能由相邻的数据点内插
出待定点的高程。按内插点的分布范围，可以将内插分为整体内
插、分块内插和逐点内插三种方式，如图 4.11 所示。

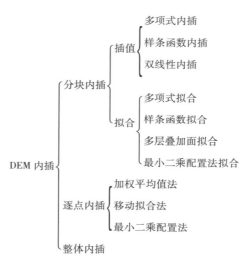

图 4.11　DEM 内插方法的分类

　　由于实际地形的复杂性，整个地球表面地形不可能用一个多
项式来拟合，因此 DEM 内插中一般不用整体函数内插。逐点内
插应用简便，但计算量太大。因此，在 GIS 中，多采用局部函数
内插（分块内插）获取未知点的高程。分块内插是把参考空间划
分成若干分块，对各分块使用不同的插值函数。典型的分块内插
有线性内插、局部多项式内插、双线性多项式内插和样条函数内
插等。与样条函数和多项式插值相比，线性插值不涉及复杂方程
组求解，计算简单高效，为此，本章选用双线性插值获取 DQG 格

网的高程值。

4.2.2 DQG 格网点的高程内插计算方法

美国地质调查局（US Geological Survey）提供了免费全球地形数据——GTOPO30 数据。GTOPO30 数据按照纬度从北极到南极，经度从 0°到 360°，每隔 30 秒经、纬度给出一个中心点高程值。连接相邻的 GTOPO30 高程点可构建出全球经纬度格网，地球表面被剖分成若干个四边形格网区域，格网区域内任意一点的高程值可由包含该点的格网四个角点高程插值获得。每个 DQG 格网点的经纬度坐标是已知的，能方便确定出 DQG 格网位于哪一个经纬度格网内，根据经纬度格网的四个角点采用双线性插值可计算出 DQG 格网的高程值。

双线性内插使用最靠近插值点的四个已知数据点组成一个四边形，确定一个双线性多项式来内插待插点的高程。

设线性函数形式为：

$$z = a_0 + a_1x + a_2y + a_3xy \tag{4.1}$$

其中（x，y，z）为局部表面上某一点的三维空间坐标。参数 a_0，a_1，a_2，a_3 为常数，可以由四个已知参考点 p_1（x_1，y_1，z_1），p_2（x_2，y_2，z_2），p_3（x_3，y_3，z_3），p_4（x_4，y_4，z_4）计算求得。其解算公式为：

$$
\begin{bmatrix} a_0 \\ a_1 \\ a_2 \\ a_3 \end{bmatrix} =
\begin{bmatrix}
1 & x_1 & y_1 & x_1y_1 \\
1 & x_2 & y_2 & x_2y_2 \\
1 & x_3 & y_3 & x_3y_3 \\
1 & x_4 & y_4 & x_4y_4
\end{bmatrix}^{-1}
\begin{bmatrix} z_1 \\ z_2 \\ z_3 \\ z_4 \end{bmatrix} \tag{4.2}
$$

　　在计算 DQG 格网高程时，需要利用公式（4.3）将已知点和待插点的大地坐标（经纬度）转换成三维空间坐标，在欧氏空间中完成插值计算。确定插值计算公式后，需要确定出插值所需的四个 GTOPO30 数据点经纬度坐标及高程值。如图 4.12 所示，图中格网是由 GTOPO30 数据点连接而成的经纬度格网，最上边横线表示从北极起始的第一条 30 秒间隔的纬线，最左边竖线表示从零度经线起始的第一条 30 秒间隔的经线，i 为 GTOPO30 数据的纬线号（从北极开始向南），j 为经线号（从中央子午线开始自西向东），起始经纬线号均为 0，P 为 DQG 格网点，A、B、C、D 为距离 P 点最近的插值点。

$$\begin{cases} X = (R + H) \times \cos(Lat) \times \sin(lon) \\ Y = (R + H) \times \sin(Lat) \\ Z = (R + H) \times \cos(Lat) \times \cos(lon) \end{cases} \quad (4.3)$$

　　其中，R、H 分别表示地球半径与该点高程（单位：千米），Lon、Lat 分别表示该点的经、纬度（单位：弧度），(X, Y, Z) 表示该点的三维坐标。

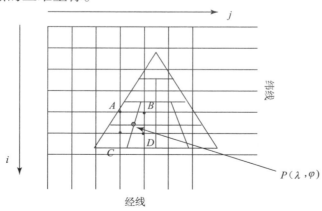

图 4.12　从 GTOPO30 数据转换基于 DQG 的 DEM 格网点高程示意图

设某 DQG 格网点 P 的经纬度坐标为（λ，φ），A、B、C、D 为最靠近该点的经线和纬线交点，则：

AB 纬线在 GTOPO30 数据文件中行号为：

$$i_1 = \text{int}(90 \times 3600 - \varphi)/30 \qquad (4.4)$$

AC 经线在 GTOPO30 数据文件中列号为：

$$j_1 = \text{int}(180 \times 3600 + \lambda)/30, \qquad (4.5)$$

i_1、j_1 即为 A 点在 GTOPO30 数据文件中的行列号，其中 λ、φ 的单位是秒。

GTOPO30 数据文件是以行为主的存储方式，确定 DQG 格网邻近四个经纬度点的经、纬线号，即可获得最靠近插值点的四个已知高程数据点 A、B、C、D 在 GTOPO30 数据文件中的存储位置，分别为：（$i_1 \times 43200 + j_1$）、（$i_1 \times 43200 + j_1 + 1$）、（（$i_1 + 1$）$\times 43200 + j_1$）、（（$i_1 + 1$）$\times 43200 + j_1 + 1$），由此可以从 GTOPO30 数据文件中找出相应的高程值，再代入式（4.2）求得插值公式系数，最后通过式（4.1）求出该格网点的高程值。

DEM 插值精度不能低于原始 DEM 的精度。因此，DQG 格网点的高程只能用高精度 DEM 进行插值计算。以 30 秒的 GTOPO30 地形数据为例，该数据可用于 13 层 DQG 格网点（13 层 DQG 格网分辨率大约为 40 秒）的高程计算，但不能内插出更高分辨率（如分辨率大约为 20 秒的 14 层 DQG 格网）的 DQG 格网点高程值。

4.3 四叉树的简化——节点粗糙度

四叉树是将空间区域按照递归剖分方式分割成 $2^n \times 2^n$ 个格网

单元。四叉树深度越大，格网单元的粒度越小，所需的存储空间越大。为了降低四叉树所需的存储空间，可通过设定简化条件（即制定节点评价测度），限制四叉树剖分的深度。当四叉树节点误差大于等于设定的误差阈值时，继续分割该节点；反之，则停止树节点的分割。依据 DEM 数据的特征，将 DQG 格网的简化条件设置如下：

（1）细分宽度（四叉树剖分层次 n）大于等于允许细分最小宽度（图 4.13、图 4.14 中的宽度 width）；

（2）判断格网顶点与中心的高差是否在设定阈值范围内；若在范围内，则合并子节点；如图 4.14 所示，四叉树块单元格网 $abcd$，若顶点 a、b、c、d 与中心点 o 的高差在阈值范围内，则近似认为各顶点的高程相等；依次判断四个分区 A、B、C、D 的高程是否近似相等，若均相等，保留格网单元 $abcd$，不再细分；否则，需将格网单元 $abcd$ 细分为 A、B、C、D 四个子格网单元。采用类似的方法，合并满足简化条件的四叉树节点，即可构建出简化四叉树结构。

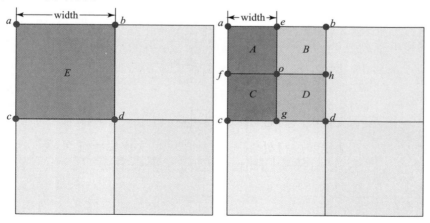

图 4.13　格网细分前　　　　　图 4.14　格网细分后

4.4 多分辨率格网裂缝的自适应消除

合并相同属性的四叉树节点能最大程度实现格网简化目标，但在 DEM 可视化表达中会产生裂缝问题。尽管文献［胡爱华等，2009；柯希林等，2005；陈刚等，2007］给出了缝隙消除方法，但由于 DQG 格网邻近特征的特殊性，上述方法均不能适用于 DQG 格网系统。因此，如何消除不同层次 DQG 格网之间的缝隙则是 DEM 建模需重点研究探讨的问题之一。

不同层次格网之间缝隙主要通过在格网接边处增加边或去除边的方式来消除裂缝。增加边的方式复杂，适用性强，适用于拼接处两个格网相差任意多个剖分层次的情况。去除边的方式简单，但它只适用于邻近格网剖分层次相差为 1 的情况。根据 DQG 格网的邻近特征，本节综合运用上述两种缝隙消除方法，分四叉树块内、四叉树块间两种情况探讨研究 DQG 格网的缝隙消除方法。

4.4.1 四叉树块内裂缝的消除方法

根据四叉树块内邻近格网相差的细分层次不同，将裂缝问题分成两种情况分别进行处理：邻近格网层次相差为 1 和邻近格网层次相差两层及以上的情况。

（1）邻近格网相差一个层次

当邻近格网层次相差为 1 时，去除邻近格网的一条边（合并相邻树节点的两个子三角形）能够完全消除 DQG 格网间的裂缝。
如图 4.15 所示，四叉树块内简化格网 abcd 与未简化格网 adgf 相
差一个细分层次，即简化格网 abcd 的宽度为未简化格网 adgf 的 2
倍；o 为格网 abcd 的中心点，e 为格网 adgf 的中心点；假设依据
米字形四叉树细分条件，格网 adgf 需要进行细分，则在 ad 边处
会产生缝隙问题；若将 adgf 细分三角形 aep 和 edp 合并（去除边
ep），则能消除 ad 边处的缝隙问题。按照同样的方式，格网 abcd
与其下侧、左侧、右侧邻近格网的缝隙均能消除。但去边法仅适
用于相邻的叶节点细分层次相差 1 的情况；当相邻节点细分层次
超过 1 时，邻近格网间裂缝无法消除。

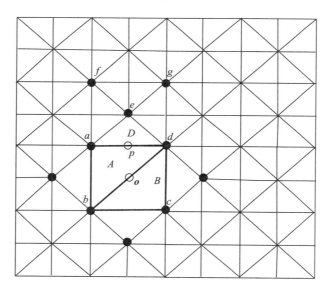

图 4.15　四叉树块内简化格网与未简化格网相差一个层次

（2）邻近格网相差两个及以上层次

当邻近格网间剖分层次相差两个及以上时，先按照上面的方
法消除相邻节点间相差一个层次的裂缝，然后根据四叉树节点之

间的关系，搜索已简化的格网，再分别按层次搜索与其邻近的上侧、下侧、左侧、右侧相同宽度（即相同细分层次）的格网节点。若相邻格网宽度相同，则不需要消除裂缝；若相邻格网宽度大于简化格网，亦无须消除裂缝；若相邻格网宽度小于简化格网宽度的 1/2，则记录节点的裂缝点，存储裂缝三角形坐标，并将裂缝三角形加入到 DEM 三角面的渲染队列，可消除 DEM 可视化表达中的裂缝问题。如图 4.16（a）所示，以简化格网 abcd 为例，只考虑处理格网 abcd 与上侧相邻三角形 A、B 之间的缝隙，P 点高程值与直线 ad 中点内插高程值不一定相等，在边 ad 处可能会产生裂缝三角形 apd，若要消除缝隙，则需要在 DEM 可视化表达中绘制三角形 apd。图 4.16（b）为格网 abcd 消除裂缝的效果。采用同样方法能消除格网 abcd 下侧、左侧、右侧的裂缝。

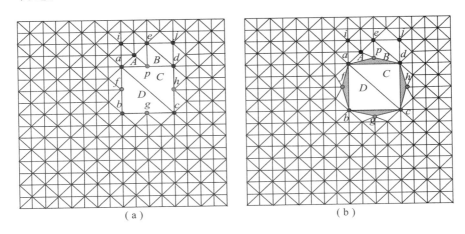

（a）   （b）

图 4.16 块内简化格网与邻近格网相差两个及以上层次的裂缝消除

（a）裂缝消除前；（b）裂缝消除后

4.4.2　块间裂缝的消除方法

根据裂缝产生的方向（纬度方向或者经度方向），块间裂缝分为上下块间裂缝和左右块间裂缝，下面分别给出块间的裂缝消除方法。

（1）上下块间裂缝的消除方法

如图 4.17 所示，上下块间存在以下几种邻近类型：块边界上侧为极点三角形块，下侧为非四叉树块，如Ⅰ与Ⅱ，此种情况记为类型 1；块边界上侧为非四叉树块，下侧为四叉树块，如Ⅱ与Ⅲ，此种情况记为类型 2；块边界上侧为四叉树块，下侧也为四叉树块，如Ⅲ与Ⅳ、Ⅳ与Ⅴ，此种情况记为类型 3。

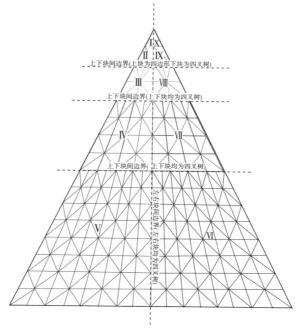

图 4.17　北半球的一个八分体，剖分层次为 4 层

　　类型 1 的情况：如图 4.18 所示，极点三角形块 I 与其底边邻近的非四叉树四边形块 II 间不存在裂缝。

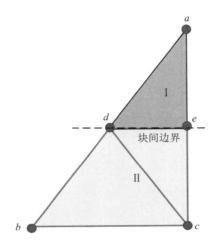

图 4.18　极点三角形与其下边邻近的非四叉树四边形

　　类型 2 的情况：以八分体剖分层次为 4 的情况为例进行说明，图 4.19 中的 II 部分和 III 部分分别为非四叉树块和四叉树块；下侧四叉树块 III 已简化的情况如图 4.19（a）所示，此时上下块 II、III 间不存在裂缝；下侧四叉树块 III 未简化的情况如图 4.19（b）所示，上侧的非四叉树格网层次与下侧四叉树格网剖分层次相差为 1，p 点高程值与边 ab 中点高程不一定相等，会产生缝隙问题，需要添加三角形 apb 以消除裂缝（如图 4.19（c）所示）。

　　类型 3 的情况：根据块边界上、下两侧简化情况的不同又分为三种情况进行处理；块边界上侧邻近格网未简化，下侧亦未简化或简化后格网宽度小于等于块边界上侧格网，此种情况记为类型 3－1；块边界上侧格网简化，下侧未简化或简化后宽度小于等于边界上侧格网，此种情况记为类型 3－2；块边界下侧格网简化后宽度大于块边界上侧邻近格网未简化或简化后的宽度，此种情

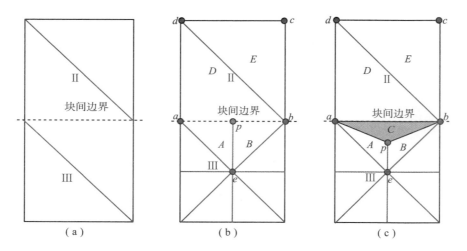

图 4.19　非四叉树四边形与四叉树块

况记为类型 3 – 3。

对于块边界类型 3 – 1，上下块间 DQG 格网相差一个剖分层次，在块间边界处必然会出现裂缝，如图 4.20 所示，块边界上侧 DQG 格网 *iack* 未简化，其宽度为 *ab*，块边界下侧格网 *adeb* 未简化，其宽度为 *ap* = *ab*/2，块边界下侧格网 *befc* 已简化，宽度为 *bc* = *ab*。在上下块边界 *p* 点处会出现裂缝。

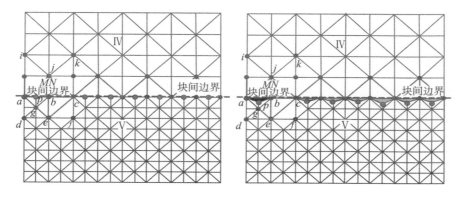

图 4.20　块间裂缝类型 3 – 1 裂缝消除前后

消除裂缝方法为：

1）根据块边界上侧 DQG 格网地址编码和格网剖分层次，计算出边界上侧格网 $iack$ 的中心点 j 坐标及格网宽度 ab；

2）根据 j 点坐标及格网宽度 ab 确定块边界下侧邻近格网搜索的最大宽度 ab；

3）根据块边界下侧格网编码确定下侧邻近格网 $adeb$ 的宽度：格网 $adeb$ 的宽度小于上侧格网 $iack$ 的宽度，在上下块边界拼接处存在裂缝问题（裂缝点为 p）；格网 $bcef$ 的宽度等于上侧格网 $iack$ 的宽度，因此块边界上侧三角形 jbc 与块边界下侧三角形 bec 之间不存在裂缝；

4）利用 p 点和 a、b 点构建三角形 apb，将三角形 apb 加入到渲染队列可消除上、下边界的缝隙，采用类似方法处理上、下边界处的其他缝隙。

对于块边界裂缝类型 3－2、类型 3－3，虽然块边界上下侧简化情况不同，但裂缝消除原理同第一种情况，如图 4.21、图 4.22 所示，裂缝点分别为 p_1 和 p_2，消除裂缝需添加的三角形分别为 ap_1b 和 p_1p_2b、ap_1d 和 p_1p_2d。

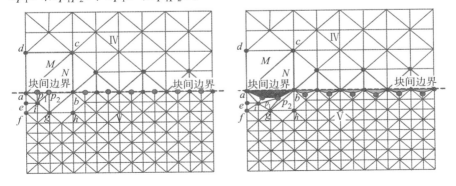

图 4.21　块间裂缝类型 3－2 裂缝消除前后

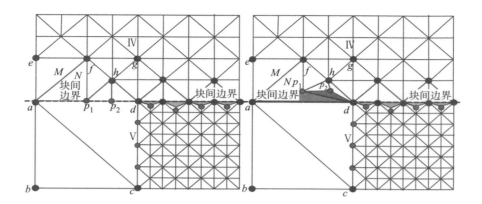

图 4.22　块间裂缝类型 3 - 3 裂缝消除前后

（2）左右块间裂缝的消除方法

左右块间均为四叉树块，如图 4.23 中 V 和 VI，它们允许细分的最小宽度相同。当块边界左侧格网简化而右侧未简化或简化层次小于左侧时，将会在边界处出现裂缝。消除裂缝的原理及方法与四叉树块内左右侧消除裂缝方法类似。如图 4.23 所示，块边界左侧简化的格网 *ghfa*，与其右侧未简化格网在块边界拼接处产生

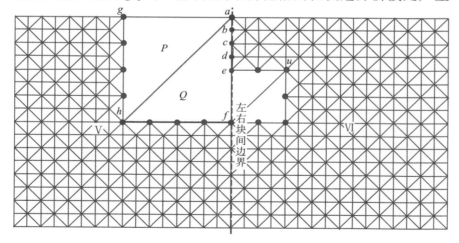

图 4.23　块边界左右侧均为四叉树块（裂缝消除前）

b、c、d、e 四个裂缝点。为消除左右块间裂缝，需添加四个三角形 abf、bcf、cdf、def，如图 4.24 所示。

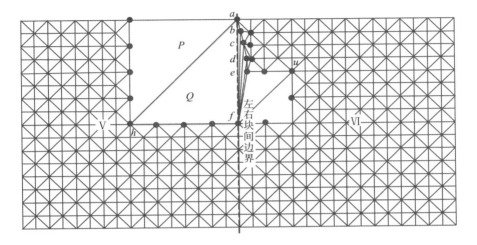

图 4.24 块边界左右侧均为四叉树块（裂缝消除后）

4.5 实验结果与分析

为了分析 DQG 格网缝隙消除方法的正确性，本章进行了相关实验。在实验中，Wsiearth. tif 影像数据作为 DQG 格网属性或纹理数据映射到 DQG 格网表面，应用 GTOPO30 数据构建全球 DEM 模型。采用线性插值方法获取 DQG 格网点高程值，再根据节点粗糙度大小进行格网简化。应用 4.4 节裂缝去除方法消除不同剖分层次 DQG 格网间的缝隙问题。为增强地形起伏的显示效果，实验中将获取的高程数据扩大了 100 倍。图 4.25 ~ 图 4.54 为 DQG 格网间裂缝消除前后的对照图。红色面片及圈出部分表示消除裂缝处需添加的三角形。

4.5.1　DQG 格网数据单一分辨率的可视化表达

（1）单一分辨率米字形 DQG 三角网

图 4.25 ~ 图 4.30 为单一分辨率米字形 DQG 可视化效果图。DQG 格网没有根据高程值进行简化，可视化过程中绘制的三角形数目多，可视化渲染效率低。

图 4.25　DQG 地面高程模型（非洲地区）　　图 4.26　DQG 地面高程模型（亚洲地区）

图 4.27　DQG 地面高程模型　　　　　图 4.28　DQG 地面高程模型
局部放大图（非洲地区）　　　　　　局部放大图（亚洲地区）

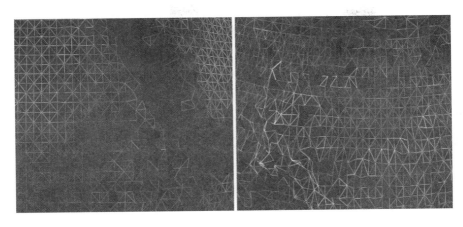

图 4.29　DQG 地面高程模型局部 　　**图 4.30　DQG 地面高程模型局部**

　　　放大图 2（非洲地区） 　　　　　　　**放大图 2（亚洲地区）**

（2）颜色属性填充的 DQG 地形格网

图 4.31～图 4.36 用颜色属性来渲染 DEM 的可视化效果，叠加属性后可视化的逼真度得到了提高，但局部放大后显示效果仍不理想。

图 4.31　叠加属性的 DQG 地面 　　**图 4.32　叠加属性的 DQG 地面**

　　　高程模型（非洲地区） 　　　　　　**高程模型（亚洲地区）**

图4.33　叠加属性的 DQG 地面
高程模型放大图（非洲地区）

图4.34　叠加属性的 DQG 地面
高程模型放大图（亚洲地区）

图4.35　叠加属性的 DQG 地面
高程模型放大图 2（非洲地区）

图4.36　叠加属性的 DQG 地面
高程模型放大图 2（亚洲地区）

（3）纹理与 DQG 地形格网的叠加

纹理与 DQG 地形格网叠加的效果如图 4.37～图 4.42 所示，纹理叠加提高了可视化效果的逼真度。

 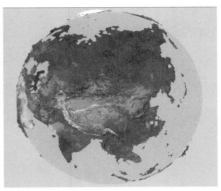

图 4.37　叠加纹理的 DQG 地面 　　　　图 4.38　叠加纹理的 DQG 地面
高程模型（非洲地区）　　　　　　　　高程模型（亚洲地区）

图 4.39　叠加纹理的 DQG 地面高程　　　图 4.40　叠加纹理的 DQG 地面高程
模型放大图（非洲地区）　　　　　　　模型放大图（亚洲地区）

图 4.41　叠加纹理的 DQG 地面高程
模型局部放大图 2（非洲地区）

图 4.42　叠加纹理的 DQG 地面高程
模型局部放大图 2（亚洲地区）

4.5.2　多分辨率 DQG 格网数据的可视化表达

单一分辨率 DQG 三角网能较真实的显示球面地形地貌，未作简化的 DQG 格网数量庞大，需要存储空间大，生成格网所需时间较长，可视化渲染效率低。本章按照 4.3 节所述的方法对 DQG 格网进行简化，从而极大减少了 DQG 格网数目，实现了全球多分辨率的 DQG 格网数据的可视化表达。

（1）多分辨率米字形 DQG 三角网

如图 4.43～图 4.46 所示，左侧图中标注部分为格网简化所产生的裂缝，右侧图为消除裂缝后的格网对比图。

图 4.43　格网简化裂缝消除前　　　图 4.44　格网简化裂缝消除后

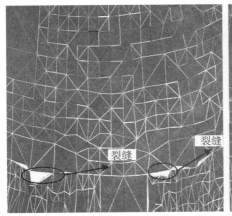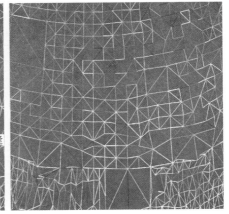

图 4.45　格网简化裂缝消除前　　　图 4.46　格网简化裂缝消除后

　　　（局部放大）　　　　　　　　　（局部放大）

（2）颜色属性填充的 DQG 地形格网

如图 4.47 ~ 图 4.50 所示，左侧图中标注部分为格网简化所产生的裂缝，右侧图为消除裂缝后的格网对比图。

图 4.47　裂缝消除前属性渲染（全球）　图 4.48　裂缝消除后属性渲染（全球）

图 4.49　裂缝消除前属性渲染　　　图 4.50　裂缝消除后属性渲染
　　　　（局部放大）　　　　　　　　　　　（局部放大）

（3）纹理与 DQG 地形格网叠加

如图 4.51～图 4.54 所示，左侧图中标注部分为格网简化所产生的裂缝，右侧图为消除裂缝后的格网对比图。

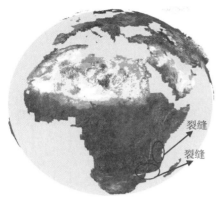

图 4. 51　裂缝消除前纹理渲染（全球）　　图 4. 52　裂缝消除后纹理渲染（全球）

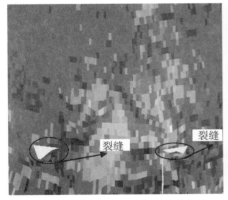

图 4. 53　裂缝消除前纹理渲染　　　　　图 4. 54　裂缝消除后纹理渲染

（局部放大）　　　　　　　　　　（局部放大）

4.5.3　格网简化效率分析

为了分析格网简化效率，本节统计了格网简化前后、裂缝消除前后 DQG 格网可视化表达时需绘制三角形面片数目，结果如

表4.1所示。不同剖分层次格网简化减少三角形数目、消除裂缝增加三角形数目、最终减少格网数目的变化趋势如图4.55所示。

表 4.1　格网简化数目对比分析

格网剖分层次	简化前数目	简化后数目	简化效率/%	简化减少三角形数	消除裂缝增加三角形数	（增加数目/减少数目）/%
3 层	736	762	− 3. 5326	30	56	186. 6667
4 层	2848	2641	7. 2683	354	147	41. 5254
5 层	11168	9008	19. 3410	2592	432	16. 6667
6 层	44192	30753	30. 4105	14790	1351	9. 1346
7 层	175776	106939	39. 1618	73146	4309	5. 8910
8 层	701088	374046	46. 6478	339918	12876	3. 7880
9 层	2800288	1262558	54. 9133	1576830	39100	2. 4797
10 层	11192992	4448880	60. 2530	6905910	161798	2. 3429
11 层	44755616	15912068	64. 4468	29407350	563802	1. 9172
12 层	178989728	59396144	66. 8159	120554856	961272	0. 7974

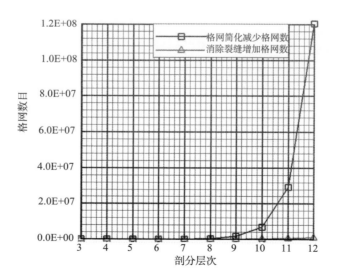

图 4.55　格网简化数目、消除裂缝增加格网数目对比

由图 4.55 可见，格网简化数目随着剖分层次的递增迅速增加，而消除裂缝增加的三角形数随着剖分层次的递增仅有小幅增加；当剖分 12 层时，简化减少格网数已接近 1.2 亿个。

用消除裂缝增加的三角形数与格网简化减少的三角形数之比评估裂缝消除代价，随着 DQG 格网剖分层次的增加，它们二者之比的变化趋势如图 4.56 所示；裂缝消除代价随着剖分层次的递增迅速下降，剖分层次为 12 层时，裂缝消除代价仅为 0.8%；当剖分层次较少时，裂缝消除增加的格网数大于简化减少的格网数会导致裂缝消除代价大于 1 的情况出现，这说明当剖分层次较大时 DQG 格网简化效果更为突出。

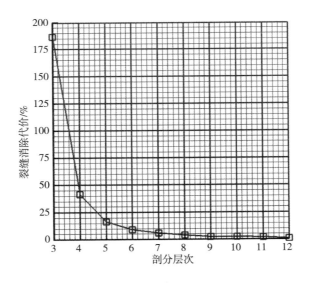

图 4.56　裂缝消除代价

用简化效率来评价 DQG 的简化效果，简化效率定义如公式（4.6）所示。

$$简化效率 = （格网简化前总格网数 - 格网简化并消除裂缝后$$
$$总格网数）/格网简化前总格网数 \times 100\% \qquad (4.6)$$

简化效率随剖分层次的变化趋势如图 4.57 所示。由图 4.57 可见，简化效率随剖分层次近似呈线性变化，剖分层次越高，简化效果越明显，12 层时的简化效率已接近 67%。

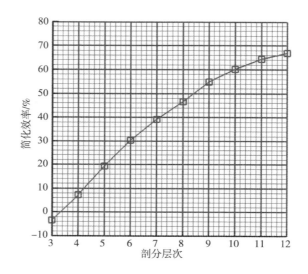

图 4.57 格网数目简化效率

4.6 本章小结

◇ 结合球面 DQG 的结构特点，本章选择双线性多项式内插方法进行 DQG 格网点高程的内插，并给出基于球面 DQG 的数字地面高程模型构建的详细实现过程。

◇ 根据 DQG 格网分块四叉树建模特点，提出了四叉树块内裂缝的消除方法，消除了格网简化产生的上、下、左、右四个方向节点间相差任意剖分层次的裂缝。

◇ 根据 DQG 格网及四叉树结构特点，在不限制相邻节点间剖分层次的前提下，消除格网块间的裂缝。格网块间裂缝既包括四叉树与四叉树块间裂缝，又包括四叉树与非四叉树四边形块间裂缝，以及四边形块与极点三角形块间裂缝。

◇ 分析格网简化效果随着格网剖分层次增加的变化趋势。

5

矢量线与地形的精确集成模型
——几何法

全球离散格网模型具有层次性、连续性等特征，在大范围乃至全球区域的应用研究方面具有传统平面格网模型所不具备的优势，在投影变换、离散化处理、数据无缝集成等方面，为多尺度、多分辨率、多类型数据的组织、管理与空间操作带来诸多便利。本章针对地形与矢量数据精确集成问题，采用球面退化四叉树格网（DQG）为统一框架模型，利用定向搜索和几何求交计算实现矢量数据与球面地形格网的无缝集成。

5.1　DQG 格网定向搜索

5.1.1　格网定向搜索的定义

格网定向搜索是沿某个方向搜索经过的所有 DQG 格网单元。目前，全球离散格网的邻近搜索算法较多，但基于球面格网单元的定向搜索算法很少，而确定矢量线所经过的球面格网单元是实现地形与矢量线无缝集成操作及可视化叠加的前提条件和必要基础，如何快速高效并且准确实现矢量所经过 DQG 格网单元的定向搜索直接影响二者无缝集成的效率。

DQG 格网单元的邻近搜索方法已在第 3 章中作了详细介绍。但现有 DQG 的邻近搜索算法只能搜索 DQG 格网的邻近单元（如图 5.1（a）所示），而无法沿指定方向进行搜索，如搜索球面两点最短路径上的格网单元或空间曲线所经过的格网单元等（如图 5.1（b）、图 5.1（c）所示）。

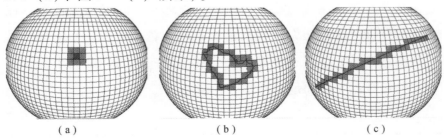

（a）　　　　　　　　　（b）　　　　　　　　　（c）

图 5.1　球面 DQG 单元的邻近搜索和定向搜索

定向搜索关键是确定搜索方向，即确定两点连线或曲线穿出格网单元的方向。由于矢量线与格网单元可能不在同一平面内，直接判断矢量线穿出格网单元的方向比较复杂，因此需要将矢量线投影到格网单元所在平面后再进行判定。投影同一平面后，根据穿入点的位置、投影后矢量线和 DQG 格网边的相交情况可以断定矢量线穿出格网的边或角点（以有向线段相交关系为基础确定矢量线穿出该格网的边或角点，即连接穿入点与 DQG 格网四个角点构建四条有向线段，根据它们与矢量线的关系确定矢量线穿出格网的位置），将包含穿出格网边或角点的邻近格网作为矢量线经过的格网，并将此格网作为新的起点重复上述过程，直至找到矢量线穿越所有 DQG 格网为止。

5.1.2 空间相交有向线段方向关系判断

空间相交有向线段关系是判定有向线段穿越格网边界的重要基础。本节利用法向量判定空间有向线段之间的方向关系，从而确定有向线段是否与格网边界相交。假设已知空间平面 Π 上存在两相交有向线段 **AB** 和 **AC**，平面 Π 的法向量为 **a**，目标是判断 **AC** 与 **AB** 的方向关系。**AB** 和 **AC** 相交且在同一平面内，它们可能存在四种方向关系（分别对应图 5.2（a）（b）（c）（d））：①**AC** 沿顺时针方向旋转一个小于 180° 的角到达 **AB**，②**AC** 沿逆时针方向旋转一个小于 180° 的角到达 **AB**，③**AC** 与 **AB** 的夹角为 0°，④**AC** 与 **AB** 的夹角为 180°。

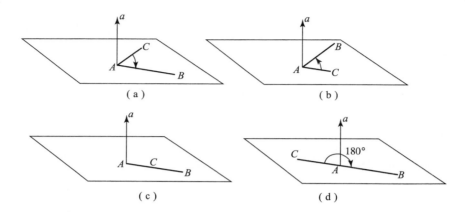

图5.2　两相交空间有向线段的方向关系

　　线段 **AB** 和 **AC** 分别为由 **A** 指向 **B**、**C** 的有向线段，可看作为向量，且已知平面法向量，利用解析几何法能够判断 **AC** 与 **AB** 的方向关系。作向量 **AC**、**AB** 与平面法向量 **a** 的混合积（**AC** × **AB**）· **a**：

　　（1）若（**AC**×**AB**）· **a** > 0，则有 **AC**、**AB**、**a** 成右手系，向量 **AC** 沿逆时针方向旋转一个小于180°的角到达向量 **AB**。

　　（2）若（**AC**×**AB**）· **a** < 0，则有 **AC**、**AB**、**a** 成左手系，向量 **AC** 沿顺时针方向旋转一个小于180°的角到达向量 **AB**。

　　（3）若（**AC** × **AB**）· **a** = 0，则三向量 **AC**、**AB**、**a** 共面，**AC**、**AB** 都在平面 Π 上，**a** 是平面 Π 的法向量，**a** 与平面 Π 垂直。假设 **a** 与 **AC** 可以确定一个平面 Π₀，Π₀ 与 Π 既不重合也不平行。若要 **a**、**AC**、**AB** 共面，那么 **AB** 必须在平面 Π₀ 内，**AC**、**AB** 既在 Π 上又在 Π₀ 上，那么 **C**、**A**、**B** 必在 Π₀ 与 Π 的交线上，即 **C**、**A**、**B** 三点共线。若要进一步确定 **AC**、**AB** 夹角为0°还是180°，计算 **AC**、**CB**、**AB** 三向量的模，根据模的关系可确定出

AC 和 AB 的夹角：①若 $|AB| = |CB| + |AC|$，则 AC、AB 夹角为 $0°$；②若 $|CB| = |AB| + |AC|$，则 AC、AB 夹角为 $180°$。

5.1.3　DQG 单元角点、边界线归属约定

在定向搜索过程中，矢量线在格网平面的投影可能会与 DQG 格网的边或角点重合。每条边为两个 DQG 格网共有，每个格网点为四个 DQG 格网共用。因此，当矢量线投影与格网边或角点重合时，无法确定矢量线唯一穿越的 DQG 格网单元。为此，本章根据 DQG 格网剖分原理、行列定义、格网编码与经纬度转换算法，对格网单元内部及边界点归属问题作如下约定：格网单元内部的点、左上角顶点、上边界的点（不包括右上角顶点）、左边界的点（不包括左下角顶点）属于同一格网，具有相同的编码。为了便于后续的描述，对 DQG 格网边界定义作如下规定：经度小的格网边为左边界，用 SWNW 表示；经度大的格网边为右边界，用 SENE 表示；纬度小的格网边为下边界，用 SWSE 表示；纬度大的格网边为上边界，用 NWNE 表示。上边界与左边界的交点为左上角，用 NW 表示；上边界与右边界的交点为右上角，用 NE 表示；下边界与左边界的交点为左下角，用 SW 表示；下边界与右边界的交点为右下角，用 SE 表示。如图 5.3 所示。

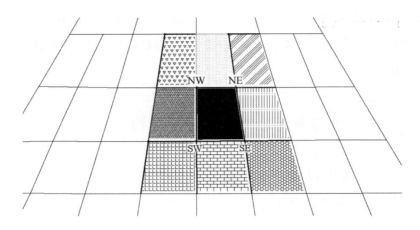

图 5.3 　DQG 单元角点和边界归属的约定

5.1.4 　最短路径的定向搜索

DQG 格网定向搜索是确定出任意两点最短路径上的格网单元或球面曲线所经过的格网单元。球面曲线是多条线段组合而成，定向搜索过程可以分解为搜索每一线段所经过的格网单元，因此本节仅讨论搜索两点最短路径上的格网单元，即两点线段所经过的格网。

假设 P_1、P_2 为球面上任意两点，经纬度坐标分别为（λ_1，ϕ_1）、（λ_2，ϕ_2）；根据球面 DQG 剖分原理和经纬度与格网地址码的转换算法，确定 P_1、P_2 所在的格网单元，判断两点是否在同一个格网单元。

（1）若两点位于同一个格网单元内，则两点最短路径经过的格网是 P_1、P_2 所在的格网；

（2）若两点不在同一个格网单元内，则搜索 P_1 所在格网的邻近格网，判断 P_2 是否在 P_1 的邻近格网内；

①若 P_2 所在的格网为 P_1 的邻近格网，则 P_1P_2 最短路径经过的格网为 P_1、P_2 所在的格网单元；

②若 P_2 所在的格网不是 P_1 的邻近格网，则需将 P_1、P_2 两点都投影到 P_1 所在的格网平面；投影后 P_1、P_2 分别用 P_{1_final}、P_{2_tem} 表示，作 P_{1_final} 指向 P_{2_tem} 的向量 P_1P_2；作 P_{1_final} 指向 P_1 所在格网四个角点向量 P_{1NE}、P_{1SE}、P_{1SW}、P_{1NW}；根据 P_1 格网角点坐标计算 P_1 所在格网平面的法向量 a，计算向量 P_1P_2、平面法向量 a 与 P_{1NE}、P_{1SE}、P_{1SW}、P_{1NW} 四个向量的混合积 $(P_1P_2 \times P_{1NE}) \cdot a$、$(P_1P_2 \times P_{1SE}) \cdot a$、$(P_1P_2 \times P_{1SW}) \cdot a$、$(P_1P_2 \times P_{1NW}) \cdot a$，依据空间两相交有向线段方向关系的判断方法确定向量 P_1P_2 与 P_{1NE}、P_{1SE}、P_{1SW}、P_{1NW} 的关系，确定出向量 P_1P_2 穿出 P_1 格网边的方向；该方向穿越的格网是 P_1P_2 最短路径上的格网；P_1P_2 方向穿越 P_1 邻近格网的判定依据如表 5.1 所示。

表 5.1 矢量混合积与穿越邻近格网的关系

$(P_1P_2 \times P_{1NE}) \cdot a$	$(P_1P_2 \times P_{1SE}) \cdot a$	$(P_1P_2 \times P_{1SW}) \cdot a$	$(P_1P_2 \times P_{1NW}) \cdot a$	P_1P_2 穿越邻近格网位置
0	>0	>0	>0	上边界邻近格网
<0	<0	≤0	0	上边界邻近格网
<0			>0	上边界邻近格网
<0	0	<0	<0	下边界邻近格网
>0	>0	0	≥0	下边界邻近格网
	>0	<0		下边界邻近格网
0	<0	<0	≤0	右边界邻近格网
>0	0	>0	>0	右边界邻近格网
>0	<0			右边界邻近格网

续表

$(P_1P_2 \times P_{1NE}) \cdot a$	$(P_1P_2 \times P_{1SE}) \cdot a$	$(P_1P_2 \times P_{1SW}) \cdot a$	$(P_1P_2 \times P_{1NW}) \cdot a$	P_1P_2 穿越邻近格网位置
0	0	>0	>0	右上角邻近格网
0	<0		>0	右上角邻近格网
0	0	<0	<0	右下角邻近格网
>0	0	<0		右下角邻近格网
>0	0	0	>0	右下角邻近格网
<0	<0	0	<0	左边界邻近格网
≥0	>0	>0	0	左边界邻近格网
		>0	<0	左边界邻近格网
<0		>0	0	左上角邻近格网
<0	0	0	<0	左下角邻近格网
	>0	0	<0	左下角邻近格网

利用表 5.1 搜索出 P_1P_2 方向上 P_1 的邻近格网后，计算向量 P_1P_2 穿出 P_1 格网时 P_1P_2 与格网边的交点，将该点作为新的 P_{1_final}，重新计算 P_2 点在穿越 P_1 邻近格网平面上的投影 P_{2_tem}，重复上述过程，直到搜索到 P_2 所在的格网为止。

5.2　矢量与地形格网数据集成

5.2.1　矢量点与地形格网集成

矢量点与地形格网集成的关键是如何让矢量点紧贴地形格网。为此，需要将矢量点大地坐标（λ，ϕ，H）或平面坐标转换为三维地心坐标。在三维地心坐标系中，矢量点与坐标原点的连线必然与 DQG 地形格网存在一个交点，该交点为矢量点在地形格网表面的映射。由于无法直接计算空间直线与空间不共面四边形的交点，需要将格网单元划分为两个三角形面片，计算空间直线与三角形面片的交点，并判断交点所在的三角形面片。

以矢量点 P（λ，ϕ）为例，说明矢量点与地形集成过程：

（1）根据 P 点经纬度坐标寻找出 P 点所在的 DQG 单元，计算该格网四个角点坐标；

（2）利用插值获取格网四个角点高程值，构建 DQG 地形格网，计算 P 点在球面投影点 P_{sphere} 的三维坐标；

（3）将 DQG 格网拆分成两个三角面片 T_1、T_2，利用三维地心坐标原点 O 和 P_{sphere} 构建空间直线 Line$P$；

（4）分别计算直线 Line$P$ 与 T_1、T_2 所在平面的交点（$P_{\text{\_finalT1}}$ 和 $P_{\text{\_finalT2}}$），确定位于三角面片 T_1 或 T_2 内的交点，该点为 P 点在 DQG 地形格网上的映射；如图 5.4 所示，$P_{\text{\_finalT2}}$ 位于三角面片 T_2 内部，则 $P_{\text{\_finalT2}}$ 为 P 点在地形格网中的内插点 $P_{\text{\_final}}$。

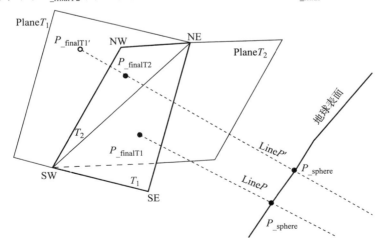

图 5.4 矢量点到地形格网表面的映射方法

5.2.2　矢量线与地形格网集成

矢量点与地形集成方法可以保证矢量点与地形格网紧密贴合，不会出现"悬空"或"入地"的现象。对矢量线来说，不仅需要将组成矢量线的点内插到地形格网上，而且还需保证邻近两点的线段正确地映射到地形格网表面。当组成矢量线的点都位于DQG格网的同一个三角面片内时，只需依次连接矢量线在DQG格网中的内插点，即可完成矢量与地形格网的集成。当组成矢量线的点不在同一个三角面片中时，需要先将组成矢量线的点映射到DQG地形格网表面，然后再将矢量线中邻近两点组成的线段映射到地形格网表面，依次完成矢量线中的各线段映射，即可实现矢量线与地形格网的无缝匹配。

假设 P_1P_2 为一条线段，P_1、P_2 的坐标分别为（λ_1，ϕ_1）、（λ_2，ϕ_2）。按照 5.2.1 节的方法可实现 P_1、P_2 到 DQG 地形格网的映射，详细过程在此不再赘述。下面着重介绍线段 P_1P_2 到地形格网的映射过程。P_1P_2 在地形格网上的投影线是过三维坐标系原点 O 和 P_1、P_2 的平面（Plane0）与 DQG 地形格网的交线。因此，需要将 P_1、P_2 坐标转换为三维地心坐标，利用 O，P_1、P_2 构建空间平面 Plane0，计算平面 Plane0 与 DQG 地形格网的交线即可，如图 5.5 所示。

点 P_1、P_2 位置不同则 Plane0 与 DQG 地形格网求交线的方式也不同。当 P_1、P_2 在同一个 DQG 格网不同三角面片内时，只需计算 P_1、P_2 所在格网的对角线与平面 Plane0 的交点即可；当 P_1、P_2 不在同一个 DQG 格网时，需要计算出 P_1P_2 经过所有的 DQG

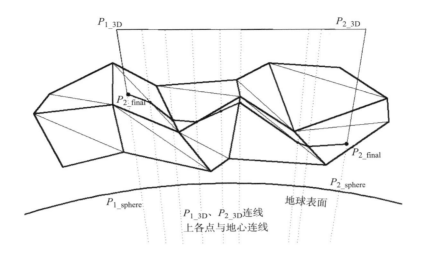

图 5.5 矢量线与地形格网集成的原理

格网与平面 Plane0 的交点。下面介绍平面 Plane0 与 DQG 格网求交点的具体实现过程。

（1）P_1、P_2 在同一格网内

根据矢量点与地形格网集成方法计算出 P_1、P_2 在地形格网中的内插点 P_{1_final}、P_{2_final}（如图 5.6 所示）；P_{1_final}、P_{2_final} 不在同一个三角形面片内；DQG 格网的三角形面片 T_1、T_2 不共面，P_{1_final}、P_{2_final} 两点直接相连会导致出现穿洞或跨越现象，需要计算格网对角线与平面 Plane0 的交点 P_c；依次连接 P_{1_final}、P_c、P_{2_final} 形成的折线为线段 P_1P_2 在地形格网上的投影线，如图 5.6 所示。

（2）P_1、P_2 不在同一格网内

当 P_1、P_2 不在同一个格网内时，利用定向搜索确定出 P_1P_2 经过的所有 DQG 格网单元编码；DQG 地形格网为空间四边形单元，存在着 DQG 格网四个顶点不共面的情况，因此需要通过连接

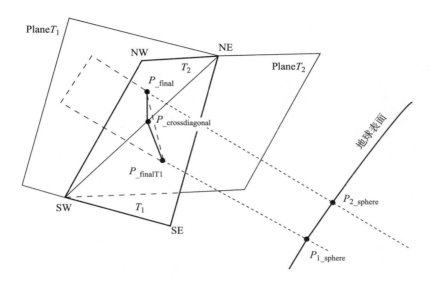

图 5.6 同一格网内矢量线与地形格网集成

格网对角线将每个 DQG 格网分割成两个三角面片，然后分别计算确定平面 Plane0（由 P_1、P_2、三维地形坐标系原点 O 确定的平面）与三角面片的交点，依次连接上述交点，即可获得 P_1P_2 在 DQG 地形格网表面的投影线。

5.3 实验结果与分析

5.3.1 DQG 格网定向搜索实验

为了检验定向搜索方法的正确性，进行了两点最短路径和闭合曲线所经过的 DQG 格网定向搜索实验。剖分层次较小时剖分格网单元数量少，两点连线或闭合曲线所经过的格网单元也少，而格网层次较大时格网单元数目太多，不便进行可视化渲染。为此，选择剖分层次为 5～7 层的 DQG 进行实验，结果如图 5.7 所示。图 5.7（a）、图 5.7（c）、图 5.7（e）为剖分层次为 5～7 层时两点最短路径上的 DQG 格网定向搜索结果，图 5.7（b）、图 5.7（d）、图 5.7（f）为闭合曲线的 DQG 格网定向搜索结果。实验结果表明：定向搜索结果与实际情况相符合，证明了定向搜索算法的正确性。

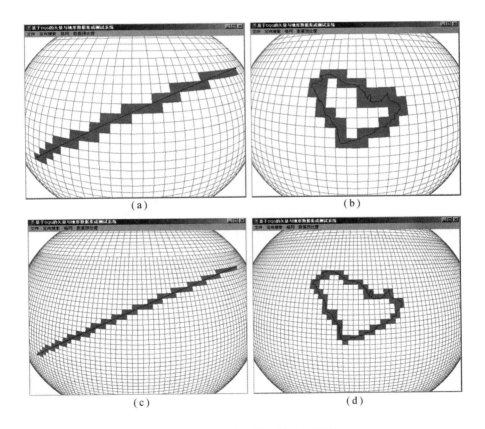

图 5.7　DQG 格网单元的定向搜索

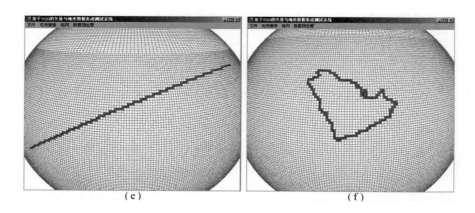

图 5.7　DQG 格网单元的定向搜索（续）

　　为了检验定向搜索的效果，选取两组数据进行了搜索效率实验。第一组实验进行了球面两点（经纬坐标为（10°，10°）、（84°，39°））最短路径上格网单元的定向搜索，第二组是搜索球面上一条由 373 个点组成的闭合曲线所经过的格网单元。实验选择第 8 ~ 20 层次的 DQG 格网。实验硬件环境配置为：CPU 为 AMD 5200 + 2.70GHz，960MB 内存，硬盘 80GB，结果如表 5.2 所示。由实验结果可知，随着剖分层次的增加，单位时间内能搜索到的格网数呈缓慢降低且收敛的趋势；从总体的耗时来看，1 秒钟能完成 6 000 个 DQG 格网单元的定向搜索，基本能满足实时可视化表达的需求。

表 5.2　定向搜索算法效率分析

层次	（10°，10°）—（84°，39°）			闭合曲线		
	定向搜索格网数	耗时/ms	1ms 搜索格网数	定向搜索格网数	耗时/ms	1ms 搜索格网数
8	293	4	73.25	80	4	20
9	587	8	73.38	164	5	32.8

层次	（10°，10°）—（84°，39°）			闭合曲线		
	定向搜索格网数	耗时/ms	1ms 搜索格网数	定向搜索格网数	耗时/ms	1ms 搜索格网数
10	1 173	17	69	336	8	42
11	2 345	34	68.97	680	13	52.31
12	4 687	70	66.96	1 362	24	56.75
13	9 375	142	66.02	2 740	46	59.57
14	18 751	289	64.88	5 470	91	60.11
15	37 503	586	63.99	10 930	178	61.41
16	75 003	1 188	63.13	21 846	361	60.52
17	150 005	2 402	62.45	43 732	723	60.49
18	300 009	4 775	62.83	87 462	1 463	59.78
19	600 019	9 696	61.88	174 936	2 944	59.42
20	1 200 037	19 553	61.37	349 882	5 913	59.17

5.3.2　矢量与 DQG 地形格网集成实验

为了验证矢量点、线与地形集成方法的正确性，本章应用 GTOPO30 和全球陆地国界的模拟数据进行了实验，首先利用 GTOPO30 数据生成 DQG 地形格网，然后按照定向搜索和几何法将国界数据映射到地形格网表面并进行可视化表达，完全避免了矢量线入地或悬空的现象。

为了适应全球数据多尺度、多层次表达的需要，本节进行了矢量与多层次 DQG 地形格网的集成与可视化表达实验，实验结果表明：DQG 在不同层次变化时，矢量数据与地形仍保持了很好的贴合效果。

5.4　本章小结

◇ 着重阐述了球面 DQG 格网单元的定向搜索方法，给出定向搜索的实现过程，为矢量线所经过的球面格网单元查找奠定了算法基础。

◇ 借用矢量混合积实现了球面上两点最短路径或曲线所经过的球面 DQG 单元定向搜索，对搜索结果进行可视化表达；结果与实际情况相符合，证明了定向搜索算法的正确性。

◇ 利用几何法实现了矢量点、矢量线与地形集成表达，利用 GTOPO30 和全球陆地国界的模拟数据进行了实验，结果表明：DQG 在不同层次变化时，矢量数据与地形仍保持了很好的贴合效果。

6

矢量线与地形高效集成算法
——漂移法

本章根据矢量线与地形相关的密切程度将矢量线划分为地形线（河流、道路、等高线）和非地形线（行政区划边界、基础设施管道及线路）两大类。针对传统几何法在多尺度表达中计算的复杂性及面对大规模数据时效率低下的问题，依据 DQG 格网单元分解的思想，提出了基于球面 DQG 格网的矢量线与地形自适应集成的漂移算法，详细介绍了算法的基本原理、适用条件及特点。

6.1 DQG 格网单元分解表达

在 DQG 格网剖分框架基础上，引入格网单元分解思想 ［周成虎等，2009］，建立了格网单元与地理空间矢量数据之间的有机联系和逻辑关系，按照 DQG 格网剖分单元的类型，将球面 DQG 格网单元拆分为 3 大要素（如图 6.1 所示）：

①格点指的是格网单元的顶点，代表地理空间矢量点对象，可用于表示点状特征及其空间定位信息（高程点、控制点）；

②格边指的是格网单元的边长及对角线，代表地理空间矢量线对象，可用于度量不同地物对象之间的通量关系；

③格元指的是除去格点和格边的格网单元面状区域，代表地理空间矢量面对象，可用于表示区域面状特征及影像像元要素。

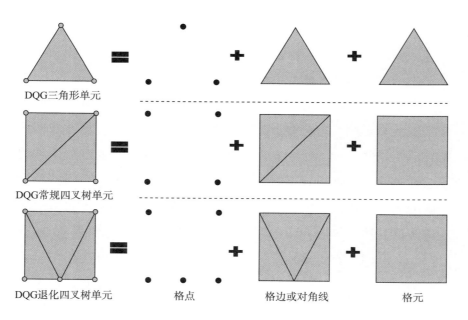

图 6.1　DQG 格网单元分解表达示意图

6.2 矢量线与地形集成建模原理

矢量数据与 DQG 地形格网集成是对现实世界三维可视化表达及分析的重要技术手段。由于矢量数据和 DQG 格网是按照不同的方式组织管理数据，它们无法直接融为一体进行三维可视化和分析，如图 6.2 所示。图 6.2（a）为矢量线加载到 DQG 地形格网的情况，地形格网是以球面空间划分为基础，按照一定大小的格元形式进行绘制；矢量线是采用绘制坐标点串及其连线的方式进行可视化表达；在可视化表达时矢量线和地形格网分别进行计算处理、绘制渲染。这容易导致矢量线出现"悬浮"和"入地"的现象。为了消除上述问题，需利用几何法（或纹理法）将矢量线映射到地形格网表面，如图 6.2（b）所示。几何法计算量大，效率低，难以满足海量数据实时渲染的需要。为此，本章提出了一种基于格网单元分解的矢量与地形一体化组织与可视化表达方法——矢量点动态漂移算法。

格网单元分解表达思想是支撑矢量线与 DQG 地形格网自适应集成漂移算法的重要理论基础。矢量线数据漂移操作是在格网单元显示面积小于或等于一个屏幕像素的情况下，将矢量节点动态漂移到格网单元的顶点，从而使得矢量线完全贴合于格网边线（如图 6.2（c）所示）。矢量线漂移操作只涉及基本的球面格网单元邻近搜索以及简单的空间点 - 点（线）距离计算，不用进行复杂的空间线交计算，能够完全避免矢量线悬浮或者穿越地表的现象。同时，矢量线漂移操作可以将前端动态可视化与后台计算相分离，提高操作效率及可视化流畅性。

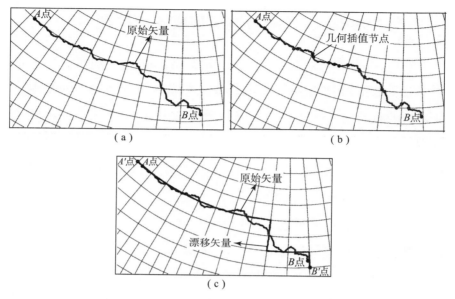

图 6.2　基于格网单元分解的矢量数据漂移操作

（a）原始矢量线；（b）几何插值法；（c）漂移之后矢量线叠加

矢量点动态漂移操作是以遵循矢量地图制作或点位数据采集的精度要求为前提。这与人眼可接受的分辨率、国家基本比例尺地形图制图规范以及可视化习惯密切相关。通常认为地图上人眼可识别的最小距离为 0.1mm。地图的点位精度与比例尺有关，为地图上可识别的最小距离与比例尺分母的乘积。1∶1 000 比例尺地图上小于 0.1mm×1 000 = 0.1m 的实地距离或地物是不可分辨的；1∶10 000 比例尺图上小于 0.1mm×10 000 = 1m 的实地距离分辨不出；1∶1 000 000 比例尺地图上小于 0.1mm×1 000 000 = 100m 的实地距离是无法分辨的。也就是说，在以矢量地物点为圆心，比例尺精度为半径的误差圆范围内，矢量地物点进行位移操作能够满足地图比例尺精度的要求（如图6.3所示）。另一方面，以比例尺精度所对应的图上距离为准则，当视点拉远导致人眼可视化的图上距离小于0.1mm时，矢量点的漂移操作对可视化效果的影响微乎其微。如图6.3所示，随着格网剖分层次增加（地形空间分辨率增加），原始矢量点漂移前后误差呈快速下降的趋势。

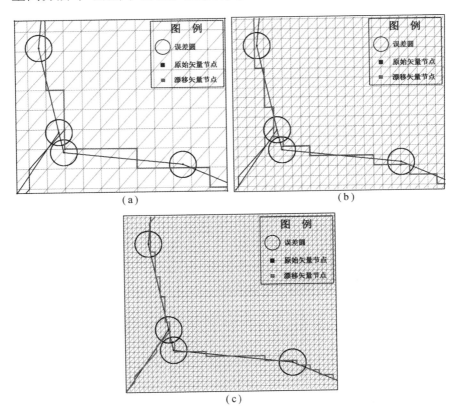

图6.3　基于地图比例尺精度的误差圆与矢量节点漂移前后误差对比

(a) 16层；(b) 17层；(c) 18层

根据矢量线与地表形态相关的密切程度，将矢量线与球面DEM格网集成分为两类情况进行处理：

①与地表形态相关密切的地形矢量线（Topographic polyline），如河流线、等高线和部分道路线等，对地形矢量线数据，采用矢量点的三维方向漂移操作能大幅减少计算量，消除地形线穿越地表的现象；

②与地表形态相关较小的非地形矢量线（Non‑topographic polyline），如行政边界线、基础设施线路及管道（输运管道、电力通信线）等，该类矢量线原本不需要贴合地形，比如行政边界线为人为划定的概念虚拟线，而电缆线本身就是悬越于地表之上，因此，对非地形线进行垂直方向漂移操作，能消除其穿入地下的问题。

6.3　地形矢量线三维漂移算法

6.3.1　基本原理及适用条件

地形矢量线的漂移操作与几何插值叠加算法在特定条件下互为补充；地形矢量线的三维方向漂移（3‑D drift）操作在地形图精度要求的情况下可以替代传统几何法进行集成与融合；不满足适用条件时，可采用几何法进行地形矢量线的可视化表达。地形矢量线三维方向漂移操作是否适用主要取决于 DQG 格网单元的屏幕显示面积与屏幕像素大小的关系。地形矢量线与球面 DQG 地形格网集成的漂移算法基本原理与前提条件概括如下：

首先，根据地图比例尺精度要求计算矢量点（地物点位）的误差圆，若矢量点的漂移误差小于或等于比例尺精度，那么矢量点的漂移操作是完全符合地图制图精度的要求；如果矢量点漂移误差大于比例尺精度，那么，根据屏幕分辨率和视点位置，判断矢量点所在 DQG 格网单元屏幕显示面积与屏幕像素大小的关系，漂移操作准则如下：

①如果格网单元屏幕显示面积等于或小于屏幕像素，则将原始矢量线节点漂移到其所在格网点上，通过单元边线或单元对角线将格点进行连通，从而实现矢量线与 DQG 地形格网的融合和可视化表达；

②若格网单元屏幕显示面积大于屏幕像素，则按传统几何法进行线交计算。

其次，将原始矢量线分割为若干相邻两个节点组成的矢量线段（假设有 n 条）逐段进行漂移操作。针对每条矢量线段，通过邻近格点搜索和最小距离计算确定每两个矢量节点之间的连通路径，直至组成原始矢量线的 n 条线段漂移处理完毕，从而实现矢量线与地形格网的无缝叠加。由于存在反复的位移操作，故将该算法称作"三维漂移"算法。

6.3.2 三维漂移算法的具体步骤

地形矢量线的三维漂移算法具体步骤描述如下：

Begin（算法开始）

输入：某剖分层次 DQG 球面地形格网以及原始矢量线实体集 $V = [v_0, v_1, \cdots, v_n]$

step1 计算实体 V 起始点 A 所在的格网单元 GA；

step2 计算 GA 中距离点 A 最近的格点 ga 并将其加入实体集 U；

step3 对 V 中其他节点进行漂移操作，令点 A 的下一个点为 B；

step3.1 IF 点 B 在 GA 中

计算 GA 中距离点 B 最近的格点 gb；

IF 实体集 U 中当前终点 uk 与 gb 的连线跨越了对角线，根据不同类型格网单元选择过渡点 p 对漂移矢量点进行连通并将其与点 gb 加入 U 中：

case1：对于极点三角形格网单元，选择 p 作为过渡点（图 6.4（a））

case2：对于常规四叉树格网单元，选择对角线中点代替过渡点 p（图 6.4（b））

case3：对于退化四叉树格网单元，选择离点 uk 和 gb 连线较近的 p 作为过渡点（图 6.4（c））

step3.2 IF 点 B 不在 GA 中

计算点 B 所在的格网单元 GB；

计算 U 中当前终点所有相邻格点实体集 K；

计算 K 中离平面 OAB（O 为球心）或者点 B 最近且在 AB 方向上的格点 k_i，并将其加入 U 中；

IF k_i 不在 GB 中，计算 k_i 所有相邻的格点；

IF k_i 在 GB 中，计算 GB 中离 B 最近的格点 gb，若 $gb \neq k_i$，则将 gb 加入 U 中，否则删除 gb 以避免加入相同格点。

step3.3 循环计算直到 V 中剩余节点遍历完毕

输出：最接近原始矢量实体的新矢量实体 $U = [u_0, u_1, \cdots,$

u_m]

End（算法结束）

上述漂移算法中 step3.1 步骤中，如果漂移矢量点集合 U 中当前终点 uk 与 gb 的连线跨越了对角线，则需要根据不同类型 DQG 格网单元选择过渡点 p 加入漂移矢量点集合 U 中，保证对漂移矢量点的连通性，如图 6.4 所示，根据格网单元类型采用不同处理方式求解或选择过渡点 p：

①如图 6.4（a）所示，对于极点处的 DQG 三角形格网单元，选择该格网单元三角形化后新增加的节点作为 p 点，沿着格网单元边线连接漂移点；

②如图 6.4（b）所示，对于常规四叉树 DQG 格网单元，直接计算格网单元三角形化后生成的对角线中点，将其作为已知漂移点的连通过渡点；

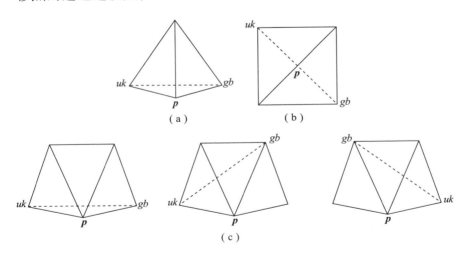

图 6.4 选择过渡点 p 的三种情况

（a）DQG 极点三角形格元 p 点选择；（b）DQG 常规四叉树格元 p 点选择；

（c）DQG 非四叉树四边形格元 p 点选择

③如图 6.4（c）所示，对于退化四叉树 DQG 格网单元，首先将两个已知漂移点（uk 和 gb）连成线段，求解其对应的空间直线方程，计算 DQG 格网单元中所有格点到 uk 和 gb 所连接成的空间直线距离，将空间距离最小的格点作为连通已知漂移点的过渡点 p。

上述漂移算法中 step3.2 步骤中，AB 方向上最近格点的选择涉及 DQG 格网单元顶点的邻近格点集合（K）与矢量线段端点和球心所构建的空间平面（OAB）之间的距离计算，或者当前 DQG 格网单元顶点的邻近格点集合（K）与矢量线终点之间的距离计算。按照栅格数据（像元或栅格）邻近点的定义，当前 DQG 格网单元顶点的邻近格点集合的选择主要有 2 种方法：4 邻近点和 8 邻近点。这样距离计算有 4 种方式可供选择：4 邻近点 - 点距离最小、8 邻近点 - 点距离最小、4 邻近点 - 面距离最小、8 邻近点 - 面距离最小。

首先简要介绍 4 邻近和 8 邻近的概念。给定栅格平面中的一个点 p（像元或栅格单元），该点的邻近点可分为 4 邻近和 8 邻近两种情形。p 的 4 邻近点是与该栅格点边邻近（具有公共边）的 4 个点（图 6.5）；4 邻近点和与 p 在对角线方向上邻接的 4 个点（具有公共点的四个栅格点）构成了 p 点的 8 邻近点（图 6.5）。

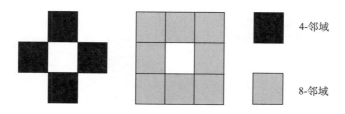

4-邻域

8-邻域

图 6.5　栅格单元（点）的 4 邻域和 8 邻域定义示意图

根据 4 邻近和 8 邻近定义，将上述漂移算法 step3.2 步骤中选择当前格点的最近格点算法描述如下：

如图 6.6 ~ 图 6.7 所示，AB 为原始矢量线段，点 A' 和 B' 为 A 和 B 漂移后所位于的格点。

（1）将 A 点漂移到其所在单元格中距离最近的格点 A'，将 B 点漂移到其所在单元格中距离最近的格点 B'。

（2）搜索 A' 的 4 邻近格点（令为 K），图 6.6 中所示的空心点。

（3）确定 4 邻近格点 K 集合中距离 B' 最近的格点（令为 K_1）。

（4）继续搜索 K_1 的 4（或 8）邻近格点（令为 G），确定 G 中距离 B' 最近的格点（令为 G_1），如此循环直到 4（或 8）邻近格点中距离 B' 最近的格点为 B' 本身，结束计算。

4 邻近、8 邻近点–面距离与点–点距离最小算法原理类似，只是将用空间平面代替空间点，在此不再赘述。

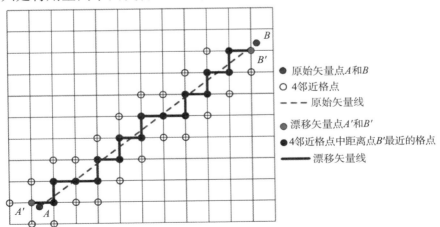

图6.6　基于 4 邻近点–点距离最小算法的三维漂移操作示意图

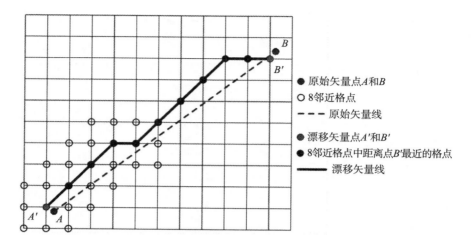

图 6.7　基于 8 邻近点 – 点距离最小算法的三维漂移操作示意图

矢量地形线三维漂移算法中，由于过渡点位置的确定只取决于矢量线中相邻点 A、B 的空间位置，与矢量线的其他点无关，所以算法耗时与矢量点数呈线性关系，时间复杂度均为 $O(n)$，其中 n 为矢量线的点数。同样，相邻点 A、B 经处理后的输出结果为 DQG 格点集合，当格网剖分层次确定时，该集合的点数取决于 A、B 两点的空间位置，与矢量线的其他点无关。算法执行所需变量（如 AB 所经过的 DQG 格网单元集合以及矢量点邻近格点集合）占用的存储空间可以重复使用，不会随着数据规模的增大而增大，空间消耗与矢量线的点总数呈线性关系，空间复杂度为 $O(n)$。

几何插值算法在确定 A、B 两点之间的插值点时，需要进行平面 OAB 与 DQG 格边及对角线的线面相交计算，而对于漂移算法，步骤 3.1 中采用空间点 – 点距离计算（仅在 case3 中需要进行空间点 – 线距离计算），步骤 3.2 中采用空间点 – 面距离计算。由于距离计算耗时要远小于线面求交运算，这降低了漂移算法的耗时成本。

地形线的三维漂移算法流程如图 6.8 所示。

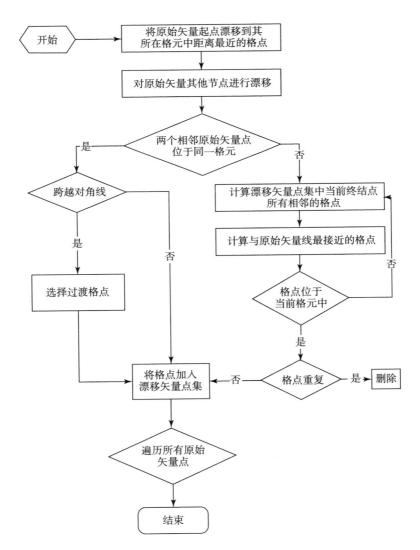

图 6.8 地形矢量线与 DQG 地形格网集成的三维漂移算法流程图

6.4　非地形矢量线垂直漂移算法

6.4.1　基本原理及适用条件

非地形矢量线与地表形态相关密切程度较低，借鉴阴影体算法中矢量数据多面体构建的思路，以矢量线所对应的局部地形格网中最高点高程为标准，将位于局部地形格网表面以下的矢量点均执行垂直漂移（Vertical drift）操作，继而重新连接矢量点并生成新的矢量线，从而消除穿越现象，并满足可视化表达的效率要求。阴影体算法的基本思想是将确定矢量数据的投影区域问题转化为判断矢量点是否在投影多面体内的问题。下面简要介绍下阴影体算法的主要流程及步骤（图6.9）：

①矢量数据多面体的创建：首先复制矢量数据的所有节点，得到两个相同的矢量点集合，将其中一个矢量点集合（原始矢量数据）按铅垂方向上移到原始矢量数据所在地形区域的最高点位，另一个矢量点集合（复制得到的矢量数据）按铅垂方向下移到原始矢量数据所在地形区域的最低点位，这样位于新点位的两个矢量点集合共同构成了完全包含原始矢量数据所在地表区域的多面体，对创建完毕的多面体进行剖分，使得多面体所有表面的法向量指向多面体外部，并存储多面体数据。

②掩膜图像的生成：根据视点与阴影体的位置关系或者阴影

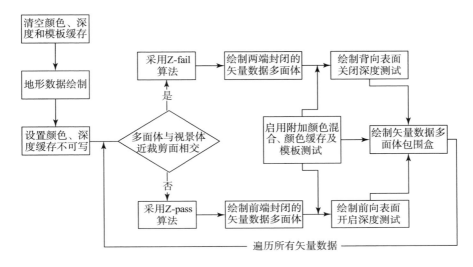

图6.9　基于阴影体算法的矢量数据绘制流程［戴晨光，2008］

体与视景体近裁剪面的空间关系，选择阴影渲染算法（通常有 Z – fail 和 Z – pass 两种），进而将矢量数据多面体渲染到模版缓存中生成掩膜图像，该图像与矢量数据在地表的铅垂投影保持一致。

③矢量数据渲染表达：根据模版测试方法，将掩膜图像渲染到三维地形场景，对矢量数据覆盖的区域进行栅格化，从而实现矢量数据的渲染与绘制，为了节约栅格化带宽，通常只绘制多面体的外包围盒以代替掩膜图像所对应的整个屏幕。

6.4.2　垂直漂移算法具体步骤

非地形矢量线与地形格网集成的垂直漂移算法具体步骤描述如下：

（1）如图6.10（a）所示，假设非地形矢量线由4个已知节

点 A、B、C、D 连接而成，将该矢量线分成 AB、BC、CD 相邻两
节点组成的三条子线段，依次搜索三条矢量线段所经过的 DQG 格
网单元。

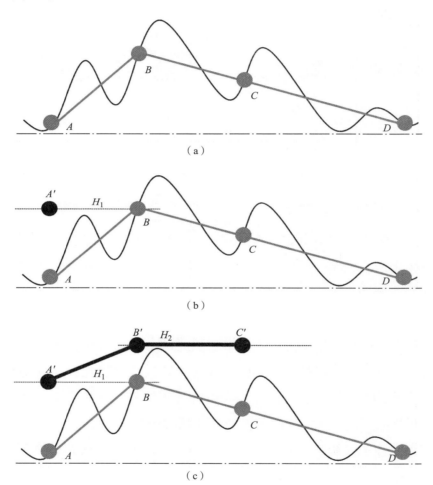

（a）

（b）

（c）

图 6.10　非地形矢量线与地形叠加的垂直漂移操作流程示意图

（a）原始非地形矢量线 $ABCD$ 与地形叠加；（b）矢量线段 AB 所对应的
局部地形最大高程 H_1；（c）矢量线段 BC 所对应的局部地形最大高程 H_2

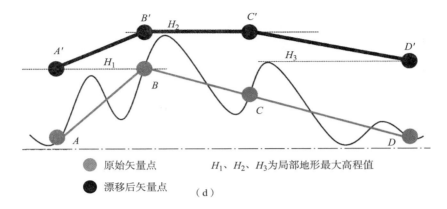

原始矢量点　　　H_1、H_2、H_3为局部地形最大高程值

漂移后矢量点　（d）

图6.10　非地形矢量线与地形叠加的垂直漂移操作流程示意图（续）

（d）矢量线段 CD 所对应的局部地形最大高程 H_3

（2）如图6.10（b）所示，计算原始矢量线段 AB 所经过格网单元中所有格点的最大高程值 H_1，即线段 AB 所在地形格网的局部最高点，判断矢量点 A 和 B 的高程值与 H_1 的大小关系。如果原始矢量点的高程值等于 H_1，那么原始矢量点位置保持不变；如果原始矢量点的高程值小于 H_1，那么将原始矢量点沿着三维空间中的铅垂方向（上下方向）垂直漂移到 H_1 高程处。图6.10（b）中所示的 H_1 处恰好在原始矢量点 B 处，因此，将点 A 垂直漂移到新节点 A' 处，而点 B 则保持位置不变，即点 B 在此步骤中垂直漂移后的新节点 B' 仍然为原始节点 B，可认为点 B 的垂直漂移距离为0。

（3）如图6.10（c）所示，计算矢量线段 BC 所经过地形格网单元所有格点的最大高程值 H_2，接着对 B 和 C 逐点进行垂直漂移操作，如果点 B 的高程值（即为步骤（2）中所计算的 AB 线段对应的局部地形最大高程值 H_1）小于高程值 H_2，则将点 B 垂直

漂移到高程为 H_2 的点 B' 处，如果点 B 的高程值等于高程值 H_2，则点 B 的当前位置保持不变；判断 C 点是否需要进行垂直漂移操作，判断规则与步骤（2）中 AB 的首次垂直漂移判断规则相同：如果点 C 的高程值小于 H_2，则将点 C 垂直漂移到高程为 H_2 的新节点处，如果点 C 的高程值等于 H_2，则点 C 的空间位置保持不变。图 6.10（c）中，点 C 高程小于 H_2，将其垂直漂移到新节点 C' 处。

（4）如图 6.10（d）所示，计算矢量线 CD 所经过地形格网单元所有格点的最大高程值 H_3，接着对当前节点 C' 和 D 逐点进行垂直漂移操作判断，从图 6.10（d）中可看出，点 C 漂移到点 C' 后的高程值 H_2 大于 H_3，节点 C' 保持不动；点 D 的高程值小于 H_3，D 垂直漂移到点 D' 处，如果其高程值等于 H_3 则空间位置保持不变。

（5）依次类推，直至原始矢量线所有节点（所有子线段）的垂直漂移操作完毕，连接所有漂移后的节点 $A'B'C'D'$ 形成新的矢量线，完成非地形矢量线的垂直漂移操作，避免了矢量线穿入地形格网的现象。

从以上垂直漂移操作算法详细步骤可以看出，垂直漂移完全避免了几何插值法中复杂的线交计算，消除了矢量线穿入地形的现象，垂直漂移操作效率与矢量数据中节点的规模密切相关。非地形线与地形集成的垂直漂移算法流程如图 6.11 所示。

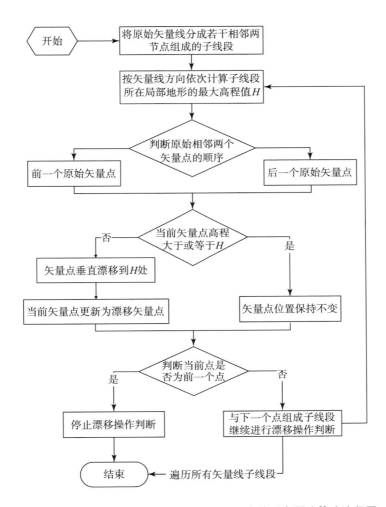

图 6.11 非地形矢量线与 DQG 地形格网集成的垂直漂移算法流程图

6.5 本章小结

◇ 介绍了地形矢量线与 DQG 地形格网集成的三维漂移算法

原理、适用条件及具体步骤、流程。三维漂移算法以矢量点的动态漂移实现矢量线与球面地形的自适应集成，完全避免矢量线悬浮或者穿越地表的现象，提高了地形矢量线与DQG格网集成和可视化表达的效率。

◇ 介绍了非地形矢量线与球面DQG地形集成的垂直漂移算法原理、适用条件及具体步骤、流程。垂直漂移操作借鉴了阴影体算法中构建矢量数据多面体的思路，设计了确保矢量线漂移之后矢量点的高程值均等于相邻矢量点连接线所对应局部地形的最大高程值，有效实现了矢量线基于地表的整体连续叠加可视化，消除了基于地形加载时出现的断裂现象。

7

实验系统设计与分析

　　为了验证矢量线与 DQG 地形格网无缝集成算法的正确性和可行性，本章在 Windows 环境下采用 Visual C++ 开发平台，借助 OpenGL 图形库开发了"基于 DQG 全球离散格网的多源数据自适应集成实验系统"。该系统的主要功能包括：矢量线所经过 DQG 格网单元的定向搜索；矢量线与 DQG 地形格网无缝集成的漂移操作、基于几何法的矢量与 DQG 格网集成；图形放大、缩小、旋转及拖动等可视化交互操作等。基于实验系统平台进行了算法可行性和正确性的验证，结果表明：漂移算法是一种用于 DQG 地形格网与矢量线集成可视化表达的有效算法，其效率比几何插值算法提高了 3 倍，漂移导致的绝对误差平均值大约为对应剖分层次格网单元边长的一半，完全避免了矢量线对地表的穿越现象。

7.1　实验系统设计

根据定向搜索的几何叠加算法以及基于格网单元分解表达思想的矢量线与地形集成的漂移算法，利用 Visual C＋＋ 开发平台和 OpenGL 图形库开发了 "基于 DQG 全球离散格网的多源数据自适应集成实验系统"，实现了地形矢量线与 DEM 格网的无缝贴合以及非地形矢量线与 DEM 格网的无穿透叠加。下面主要介绍系统的开发平台、配置环境、功能模块组成以及运行界面。

7.1.1　软硬件环境

目前，可用于开发三维真实感图形系统、虚拟现实系统和视景仿真系统的工具很多，常用的有 VRML、DirectX 和 OpenGL 等图形接口库（API，Application Programming Interface）。本实验系统选用 OpenGL 作为图形系统开发工具。

OpenGL 即开放性图形库（Open Graphic Library），是由美国 SGI 公司开发的可独立于操作系统和硬件环境的三维图形库，是一个通用、共享、开放、标准式的图形软件包。自 1992 年发布以来，由于其在三维真实感图形制作中所具有的强大图形功能和跨平台的能力，OpenGL 已成为开放的国际图形标准，几乎所有的显卡都可以支持 OpenGL，广泛应用于可视化、实体造型、动画制作、CAD/CAM、医学图像处理、虚拟现实与仿真等诸多领域。近年来国内外相继推出了专门针对 OpenGL 的图形硬件加速卡，使得 OpenGL 获得了更快的执行速度，而且占用的系统资源少。为了增强图形的真实感，OpenGL 提供了线面消隐、着色和光照、纹理映射和反走样等技术的一系列函数，可以非常方便地进行绘图、着色和光照处理。OpenGL 是一种与硬件无关的编程界面，具有非常强大的图形绘制功能，利用该接口可方便快速地实现点、线、面、曲线等实体的绘制，利用其显示列表技术和顶点数据可以获得更快的图形渲染速度。在 Microsoft 和 SGI 公司的共同合作下，推出了 OpenGL 的 Windows 版本，这使得用户在 Microsoft 的 Visual C++ 集成开发环境中可以利用 OpenGL 图形库，十分方便地在微机上实现三维图形的生成与显示。

与 VRML、DirectX 等其他三维图形软件相比，OpenGL 具有以下突出特点［贺日兴，2001］：

（1）卓越的图形功能。OpenGL 提供了有关物体描述、旋转、平移、缩放、材质、光照、纹理、像素、位图、交互以及提高图形表达性能等方面的三维图形操作函数库。用户可以避免从底层进行诸如矩阵变换、光照计算等方面的复杂算法研究，提高了三维图形开发的效率。

（2）高精度、高质量和高性能。全球尺度的影像数据是海量的，其可视化需要建立在高性能运算的基础上，相关的地理分析需要建立在高精度计算上。而 OpenGL 在这些方面比其他诸如 VRML、DirectX 等图形开发工具具有更大的优越性。

（3）OpenGL 具有可移植性、跨平台性和网络透明性等优点。

（4）OpenGL 的硬件实现通常采用图形卡驱动程序的形式，驱动程序直接与图形显示硬件进行通信。OpenGL 的硬件实现通常称为加速实现，因为有硬件协助的 3D 图形性能通常远远胜过单纯的软件实现［Richard & Benjamin，2005］。

基于以上原因，本实验系统采用 Visual C＋＋作为开发平台，借助 OpenGL 图形库设计开发"基于 DQG 全球离散格网的多源数据自适应融合实验系统"。实验系统运行的计算机硬件配置环境为：CPU 为英特尔 Core i5 M 2520 2.5GHz（双核），2GB 内存，独显 NVIDIA NVS4200M（1GB）＋ INTEL 集显，硬盘 500GB/7200 转/SATA，屏幕分辨率 1600×900 像素，32 位增强色，操作系统为 Windows XP（SP3）。

7.1.2　系统功能

实验系统由初始化模块、矢量与 DQG 地形格网集成计算模块、效率与误差分析模块、可视化及交互操作等功能模块组成。实验系统主要功能包括：矢量线所经过 DQG 格网单元的定向搜索；矢量线与 DQG 地形格网无缝集成的漂移操作、基于几何法的矢量与 DQG 格网集成；图形放大、缩小、旋转及拖动等可视化交互操作等。实验系统体系结构及主要函数关系如图 7.1 所示。

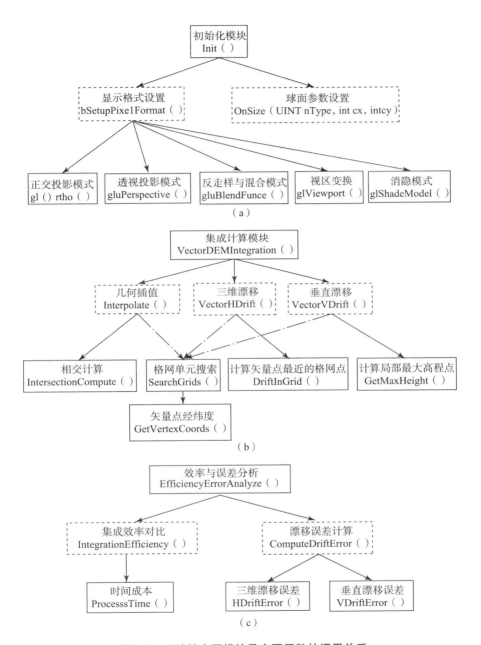

图 7.1　系统的主要模块及主要函数的调用关系

（a）初始化模块；（b）矢量与 DQG 地形格网集成计算模块；（c）效率与误差分析模块

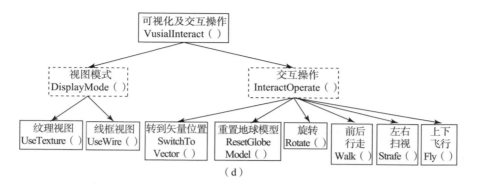

图7.1　系统的主要模块及主要函数的调用关系（续）

（d）可视化及交互操作模块

7.1.3　系统界面

实验系统界面如图7.2所示，系统具有基本的球面格网系统交互操作、可视化表达和DQG地形建模、矢量与地形格网集成等功能，如放大、缩小、旋转、拖拽、纹理贴图、视图变换、地形渲染、DQG格网单元的定向搜索、矢量线加载及漂移操作、算法效率对比、漂移误差分析等。

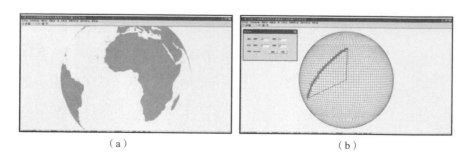

（a）　　　　　　　　　　　　　（b）

图7.2　系统界面及功能视图

（a）地形渲染（非洲区域视图）；（b）DQG格网单元定向搜索

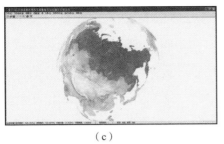

（c）　　　　　　　　　　　　（d）

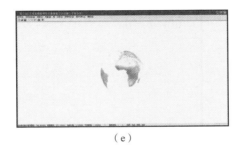

（e）

图 7.2　系统界面及功能视图（续）

（c）水系矢量线加载；（d）放大视图；（e）缩小视图

7.2　实验数据选择

为了验证矢量线与球面 DQG 地形格网自适应集成漂移算法的
正确性和可靠性，基于系统平台进行了地形线与 DEM 数据集成
的三维漂移、非地形线与 DEM 数据集成的垂直漂移以及矢量线
与 DEM 数据集成的几何插值叠加等实验，对比分析了漂移算法
与几何插值叠加算法的集成效率和漂移操作带来的误差。实验数
据包括：

（1）高程数据

①美国地质调查局（USGS）于 1996 年发布的覆盖全球的 GTOPO30 高程数据（Global 30 Arc – Second Elevation，分辨率为 30″，约为 1km，数据量为 2.7Gb）（图 7.3），参考地理坐标为 WGS84，不同区域数据来源有所差别，绝对高度误差小于 30m，90% 置信度，高程数据点每 30″ 存储一次，所有的高程点组成四边形格网，便于计算格网区块内任意一点的高程值，高程值范围为 -407 ~ 8 752m（海平面的高程值统一设置为 -9999），由 33 个二进制文件组成，每个文件又包括 8 个子文件（DEM，HDR，DMW，STX，PRJ，GIF，SRC，SCH）。该数据通过双线性插值能够计算出剖分层次为 13（格网单元分辨率约为 1.4km）的 DQG 格网点高程，主要用于远视点较大区域尺度的矢量数据与 DQG 地形格网集成分析（如图 7.4 所示）。

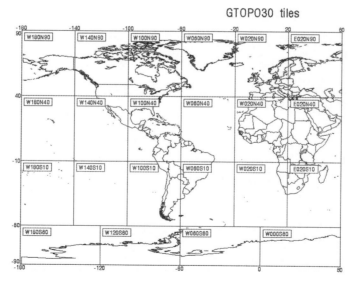

图 7.3　GTOPO30 高程数据存储格式及分片管理

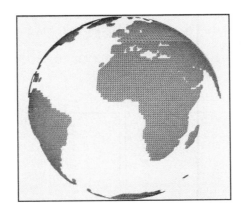

图 7.4　基于 GTOPO30 高程数据构建的全球陆地 DQG 地形格网

②由日本经济产业省（METI）和美国航天局（NASA）于
2009 年共同发布的 ASTER GDEM（Advanced Space borne Thermal
Emission and Reflection Radiometer Global Digital Elevation Model，
分辨率为 1 弧秒 ×1 弧秒，约 30m×30m），覆盖范围为北纬 83°到
南纬 83°之间的所有陆地区域，地表覆盖率达到了全球陆地总面
积的 99%。ASTER GDEM 的基本数据单元大小为经纬度 1°×1°的
分片，每个分片包含 DEM 文件及 QA 文件，均包含 3601 行 ×
3601 列，DEM 文件存储的是对应区域的数字高程值，QA 文件存
储了元数据信息（GDEM 值生成所使用到的、基于景的 DEM 值
的数量以及用于替换 GDEM 中奇异点的其他 DEM 源数据关键
字）。ASTER GDEM 的参考地理坐标为 WGS84，数据来源为
TERRA 卫星。全球范围内，在置信度为 95% 时，ASTER GDEM
的垂直精度约为 20m（ASTER GDEM validation summary report
2009），数据格式为 GeoTIFF。该数据通过双线性插值能够计算出
剖分层次为 18（格网单元分辨率约为 45m）的 DQG 格网点高程，

而不能内插更高分辨率（如第 19 剖分层次的 DQG 格网点，分辨率约为22m）的 DQG 格网点高程数据，主要用于近视点较小区域尺度（不同地貌形态）的矢量线与 DQG 地形格网集成分析（如图 7.5 所示）。

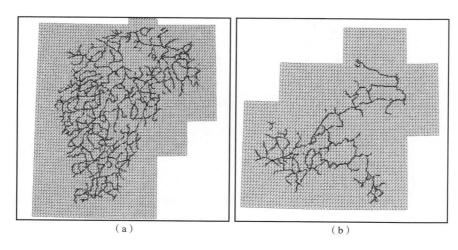

（a）　　　　　　　　　　　　　　　　（b）

图 7.5　基于 ASTER GDEM 数据构建的球面 DQG 地形格网与道路线叠加

（a）江西省；（b）重庆市

（2）矢量数据

　　实验系统使用矢量数据包括：地形线矢量数据和非地形线矢量数据。使用的地形线矢量数据是美国国防制图局制作的全球 1∶100万 DCW（Digital Chart of the World）道路数据集的中国国家区域及省市局部区域数据。非地形线矢量数据是 DIVA - GIS（GADM V1）数据集中中国区域范围内不同尺度的行政边界矢量数据（国界、省界、市界、县界）（http：//www. gadm. org/）

7.3 实验结果与分析

7.3.1 地形线与DQG地形格网集成的可视化表达

为了更清晰地显示地形矢量线漂移后的可视化效果，选取不同区域范围的地形与矢量线数据（实验中主要采用道路矢量线）进行实验对比。图7.6为GTOPO30高程数据构建的DQG地形（11层）与中国道路矢量线叠加的可视化效果。图7.7、图7.8为重庆市局部地区ASTER GDEM高程数据构建的DQG地形（13～18层）与道路矢量线叠加可视化的侧视效果，图7.9、图7.10分别显示了重庆市局部区域道路漂移前后地形渲染的俯视效果（13～18层），从图中可以看出，随着剖分层次的增加和地形分辨率的提

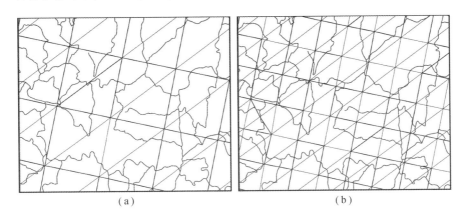

(a)   (b)

图7.6 中国道路漂移前后局部放大格网视图对比（8～13层）

（a）8层；（b）9层

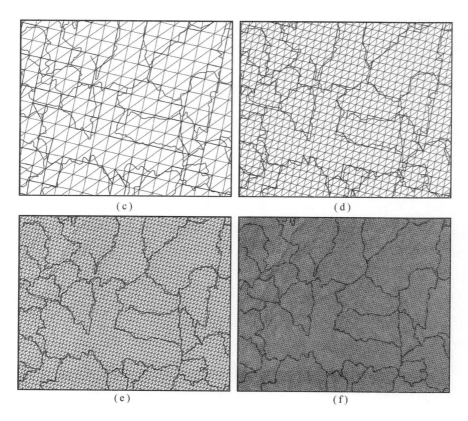

图 7.6　中国道路漂移前后局部放大格网视图对比（**8～13 层**）（续）

（c）10 层；（d）11 层；（e）12 层；（f）13 层

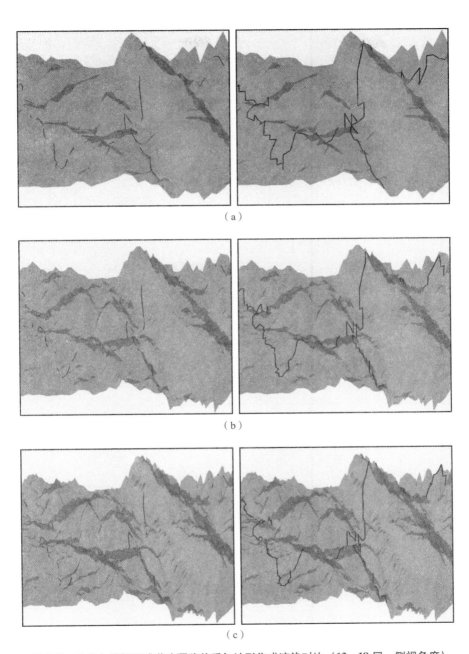

图 7.7 重庆市局部区域道路漂移前后与地形集成渲染对比（13～18 层，侧视角度）

（a）13 层漂移前后对比；（b）14 层漂移前后对比；（c）15 层漂移前后对比

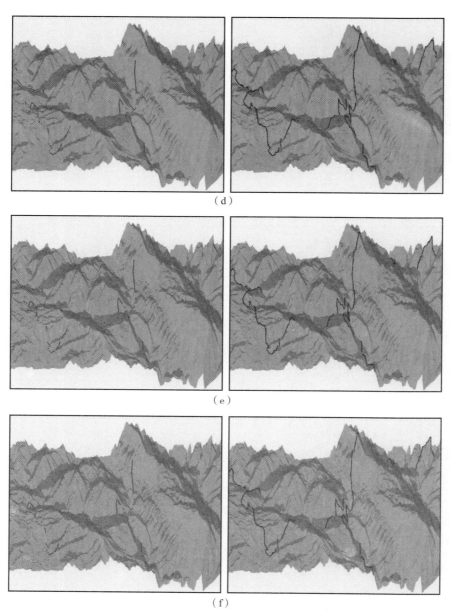

（d）

（e）

（f）

图7.7　重庆市局部区域道路漂移前后与地形集成渲染对比（13～18层，侧视角度）（续）

（d）16层漂移前后对比；（e）17层漂移前后对比；（f）18层漂移前后对比

（a）

（b）

（c）

图 7.8　重庆市局部区域道路漂移前后格网视图对比（13～18 层，侧视角度）

（a）13 层漂移前后对比；（b）14 层漂移前后对比；（c）15 层漂移前后对比

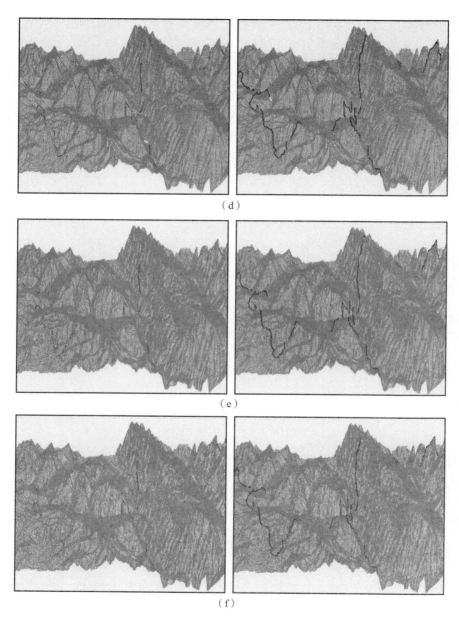

（d）

（e）

（f）

图 7.8　重庆市局部区域道路漂移前后格网视图对比（**13～18 层，侧视角度**）（续）

（d）16 层漂移前后对比；（e）17 层漂移前后对比；（f）18 层漂移前后对比

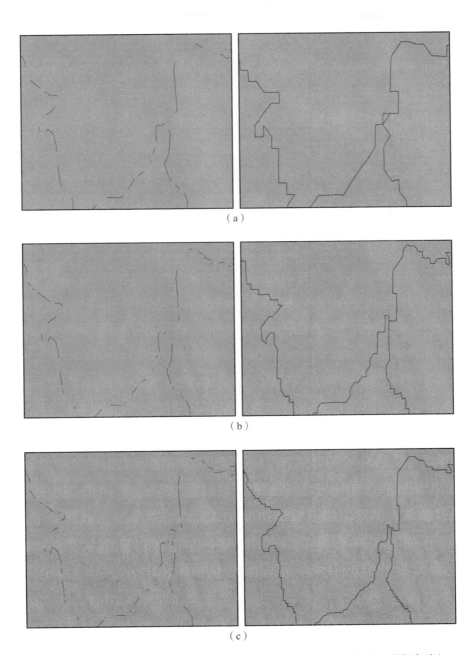

（a）

（b）

（c）

图 7.9 重庆市局部区域道路漂移前后地形渲染对比（13 ~ 18 层，俯视角度）

（a）13 层漂移前后对比；（b）14 层漂移前后对比；（c）15 层漂移前后对比

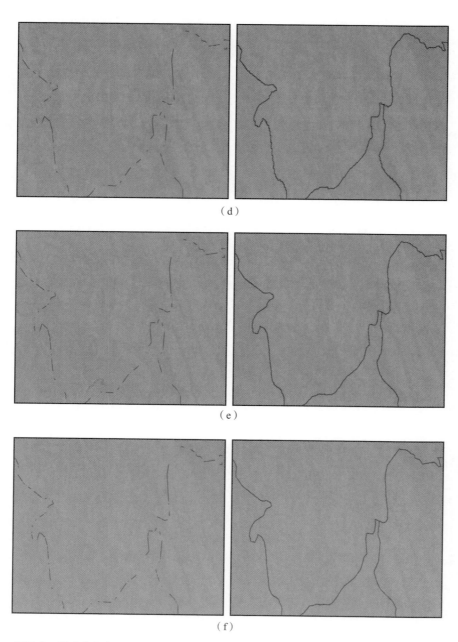

图 7.9　重庆市局部区域道路漂移前后地形渲染对比（**13 ~ 18 层，俯视角度**）（续）

（d）16 层漂移前后对比；（e）17 层漂移前后对比；（f）18 层漂移前后对比

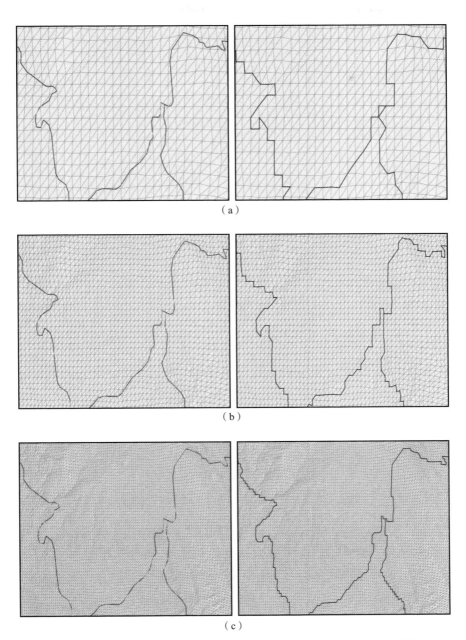

图 7.10 重庆市局部区域道路漂移前后格网视图对比（13～18 层，俯视角度）

（a）13 层漂移前后对比；（b）14 层漂移前后对比；（c）15 层漂移前后对比

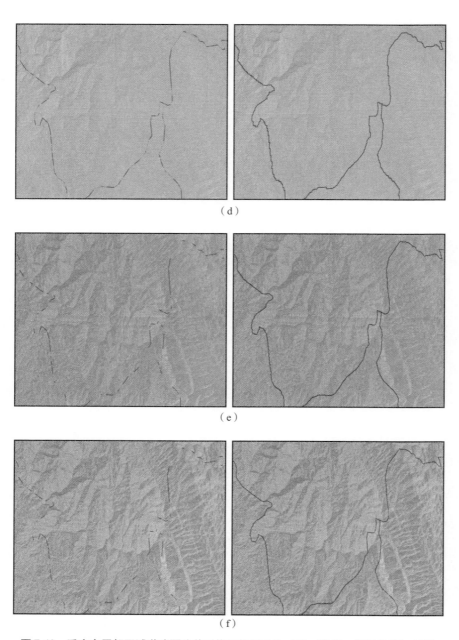

（d）

（e）

（f）

图 7.10　重庆市局部区域道路漂移前后格网视图对比（13～18 层，俯视角度）（续）

（d）16 层漂移前后对比；（e）17 层漂移前后对比；（f）18 层漂移前后对比

高，漂移前与漂移后道路矢量线的吻合程度越来越高。漂移后的道路矢量线是通过格网单元的边长及对角线进行连接表达（矢量线完全依附于地形格网线），完全消除了道路穿越地形格网的现象。

7.3.2　非地形线与 DQG 地形格网集成的可视化表达

对于非地形矢量线与 DQG 地形格网的集成可视化表达，选取了中国的国、省、市、县行政边界矢量数据（数据来源为 DIVA - GIS：GADM V1）与覆盖中国全国区域的 GTOPO30 高程数据进行垂直漂移操作实验。从全局视图与局部放大视图中都可以看出原始省界加载到 DQG 地形上之后，出现省行政边界线穿入地表的情况，导致矢量数据不连续，而垂直漂移操作后省界线完全连续地叠加在地表之上，消除了表达断裂的现象。

7.3.3　矢量线与 DQG 地形格网集成效率及误差分析

不同类型矢量线与球面地形格网集成的漂移误差均采用矢量点与漂移后点之间位移距离（地形矢量线节点之间的空间距离，或者非地形线节点垂直方向高程值之间差值）总和的平均值进行衡量。

地形矢量线三维漂移误差计算公式为：

$$E_{h-v} = \frac{1}{N} \sum_{i}^{N} |P_i - \overline{P_i}| \tag{7.1}$$

其中，N 是原始矢量线节点个数，P_i 为矢量点的三维空间坐标（x,

$y,z)$，$\overline{P_i}$ 为漂移后的球面位置，$\left| P_i - \overline{P_i} \right|$ 为漂移前后的空间距离。若将三维漂移误差分解为水平和垂直两个方向，利用矢量点平面坐标计算 (x,y) 水平方向漂移误差，利用矢量点的高程信息 (z) 计算垂直方向漂移误差。

非地形矢量线垂直漂移误差计算公式为：

$$E_v = \frac{1}{N} \sum_i^N \left| H_i - \overline{H_i} \right| \tag{7.2}$$

其中，N 是原始矢量线节点个数，H_i 为矢量点高程（海洋部分高程为 0），$\overline{H_i}$ 为垂直漂移后的高程。

（1）地形矢量线与 DEM 数据集成效率与误差

采用 GTOPO30 高程数据、DCW 中国全国道路（shp 文件数据量为 6.86Mb）及重庆市局部道路矢量数据进行矢量线与 DQG 地形格网叠加算法效率及误差分析。如表 7.1 及图 7.11 所示，剖分层次为 8 ~ 13 层时，漂移算法与几何插值算法的耗时之比为 24% ~25%。随着剖分层次的增加以及地形分辨率的提高，漂移算法耗时成本的增速明显低于几何法；漂移误差也随着剖分层次增加越来越小，且三维方向的漂移误差与最小格网单元边长的比率基本上稳定在 0.5 左右，水平和垂直方向的漂移误差值则均小于最小格网单元边长的一半。表 7.2 及图 7.12 为重庆市局部 ASTER GDEM 数据与道路矢量线的集成效率对比及误差分析的结果。实验结果表明：重庆市局部区域的矢量道路线与地形的漂移集成操作效率及误差与基于大范围的中国区域集成漂移实验类似；这说明矢量数据及地形数据的规模对漂移操作效率及误差影响不大。

表 7.1 中国道路线与不同层次 DQG 地形格网叠加显示效率及误差对比

层次	集成效率/s		漂移误差/km			最小格网单元边长/km	比例尺
	漂移法	几何法	三维方向	水平方向	垂直方向		
8	0.155	0.589	13.981	10.867	7.921	27.642	
9	0.235	0.842	7.091	5.522	4.006	13.821	1:1000 万
10	0.376	1.324	3.523	2.744	1.989	6.911	
11	0.680	2.289	1.767	1.377	0.994	3.455	
12	1.302	4.400	0.885	0.689	0.499	1.728	1:100 万
13	2.370	8.274	0.444	0.345	0.250	0.864	

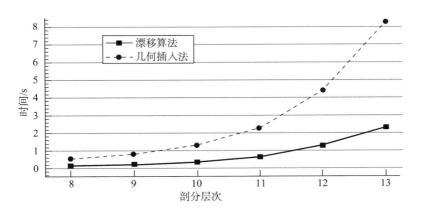

图 7.11 中国道路矢量线与 DQG 地形格网
(8~13 层) 叠加效率对比

表 7.2 重庆市局部道路线与不同层次 DQG 地形格网集成效率及误差对比

层次	集成效率/ms		漂移误差/km			最小格网单元边长/km	对应比例尺
	漂移法	几何法	三维方向	水平方向	垂直方向		
13	2	9	0.425	0.331	0.236	0.864	1∶100 万
14	4	17	0.237	0.177	0.143	0.432	
15	8	36	0.115	0.080	0.074	0.216	
16	17	71	0.056	0.043	0.030	0.108	1∶10 万
17	39	131	0.035	0.028	0.018	0.054	
18	62	248	0.024	0.020	0.011	0.027	1∶5 千

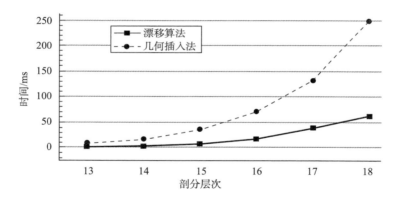

图 7.12 重庆局部道路线与 DQG 地形格网（13~18 层）集成效率对比

表 7.3 为某单条道路矢量线与多分辨率地形格网无缝集成的三维漂移误差。从中可以发现，基于 15~18 层地形格网进行矢量点的漂移操作是完全符合地图的比例尺精度，其所对应的水平方向误差为 87~21m，小于所采用 1∶100 万地图比例尺精度 100m 的最大阈值；18 层所表现出的高程误差满足了 ASTER GDEM 置信度范围内的高程精度阈值 20m。

表7.3 江西省某单条道路矢量线与不同层次 DQG
地形格网集成漂移误差对比 单位：km

层次	三维误差	水平误差	高程误差	原始长度	漂移长度	长度误差	点数规模
13	0.443	0.323	0.267	58.103	61.530	3.428	37
14	0.209	0.162	0.115	58.103	58.827	0.725	37
15	0.117	0.087	0.065	58.103	58.565	0.462	37
16	0.054	0.040	0.031	58.103	57.988	0.114	37
17	0.033	0.028	0.014	58.103	58.089	0.013	37
18	0.025	0.021	0.011	58.103	58.176	0.073	37

注：其中，原始长度为矢量线原始矢量节点依次连接的矢量线总长度，漂移长度为原始矢量点漂移之后所得到的新点位依次连接的矢量线总长度，长度误差为漂移长度与原始长度差值的绝对值。

（2）非地形矢量线与 DEM 数据集成效率与误差

DCW 数据集中的中国国界、省界、市界和县界的数据量分别为 12.2Mb、13.4Mb、15.8Mb、20.7Mb。从表7.4、表7.5 以及图7.13、图7.14 分析可知，对于相同尺度的行政边界矢量线与 DQG 地形格网（GTOPO30 高程）的集成，随着剖分层次的增加，垂直漂移算法和几何法的耗时呈现增长态势，9 层以下增长缓慢，9 层以上则呈现增长加速的态势。对于不同行政边界矢量实体，随着数据量的增加，两种算法的效率均呈现下降趋势，但是垂直漂移算法相对于几何法的效率优势逐渐凸显：对于国界，垂直漂移操作效率稍逊于几何插值算法；对于省界和市界，垂直漂移操作和几何插值的效率较为接近，尤其在 11 层及以上剖分层次相差无几；对于县界，垂直漂移操作效率在 2 层及以上剖分层次均高于几何插值算法，尤其在 10 层及以上剖分层次，几何插值算法耗时的增长速率明显高于垂直漂移算法。从此可看出，垂直漂移操作的效率与矢量数据的规模相关程度较高，这点与阴影体算法类似。

表 7.4　中国行政边界矢量线与不同层次 DQG 地形格网
集成效率及误差对比（垂直漂移）

垂直漂移 剖分层次	国界 误差/km	省界 误差/km	市界 误差/km	县界 误差/km	最小格网单元边长/km
1	0.965	0.963	0.942	0.886	3538.201
2	1.001	0.998	0.975	0.914	1769.100
3	0.440	0.487	0.765	1.158	884.550
4	0.499	0.521	0.670	0.844	442.275
5	0.277	0.295	0.395	0.550	221.138
6	0.188	0.199	0.278	0.384	110.569
7	0.166	0.174	0.226	0.293	55.284
8	0.083	0.094	0.159	0.228	27.642
9	0.059	0.069	0.136	0.196	13.821
10	0.036	0.046	0.122	0.193	6.911
11	0.022	0.034	0.130	0.228	3.455
12	0.013	0.029	0.161	0.308	1.728
13	0.008	0.030	0.212	0.425	0.864

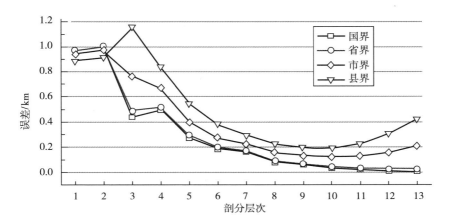

图 7.13 中国行政边界矢量线与地形集成漂移误差对比（1 ~ 13 层）

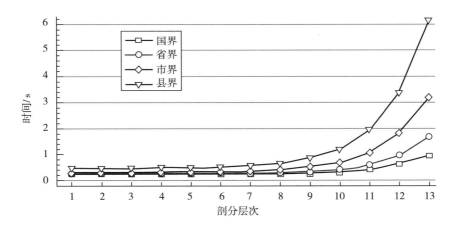

图 7.14 中国行政边界矢量线垂直漂移效率对比（1 ~ 13 层）

表7.5　中国行政边界矢量线与 DQG 地形格网（1～13 层）集成效率

单位：s

层号	国界		省界		市界		县界	
	垂直漂移	几何插值	垂直漂移	几何插值	垂直漂移	几何插值	垂直漂移	几何插值
1	0.209	0.160	0.240	0.174	0.294	0.216	0.458	0.375
2	0.227	0.163	0.241	0.174	0.295	0.222	0.462	0.378
3	0.224	0.163	0.239	0.174	0.299	0.222	0.464	0.490
4	0.225	0.169	0.251	0.193	0.307	0.225	0.518	0.597
5	0.220	0.168	0.239	0.173	0.316	0.232	0.487	0.696
6	0.222	0.162	0.239	0.180	0.327	0.251	0.505	0.861
7	0.227	0.169	0.268	0.202	0.346	0.274	0.565	0.924
8	0.247	0.177	0.308	0.236	0.40	0.318	0.640	1.215
9	0.260	0.215	0.331	0.261	0.516	0.415	0.860	0.933
10	0.308	0.243	0.406	0.348	0.678	0.592	1.189	1.358
11	0.395	0.344	0.591	0.529	1.052	0.991	1.957	2.335
12	0.617	0.526	0.962	0.927	1.817	1.759	3.362	4.591
13	0.927	0.892	1.669	1.642	3.163	3.223	6.154	8.208

　　由图 7.15 所示的实验结果可以看出，非地形线的垂直漂移操作和几何插入法的效率与矢量数据规模相关性较高，在不同区域范围及尺度上，垂直漂移操作的效率随着矢量数据规模的增大以及剖分层次的增加而凸显效率优势。

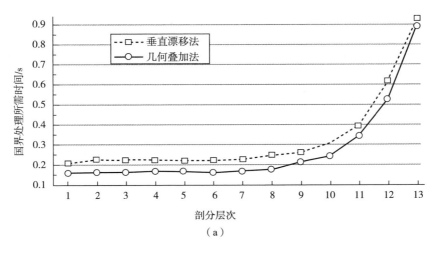

（a）

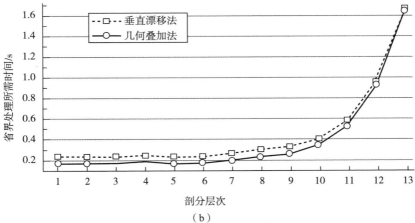

（b）

图 7.15 中国行政边界（国、省、市、县）与 DQG 地形格网

集成效率对比（1~13 层）

（a）国界数据（1~13 层）；（b）省界数据（1~13 层）

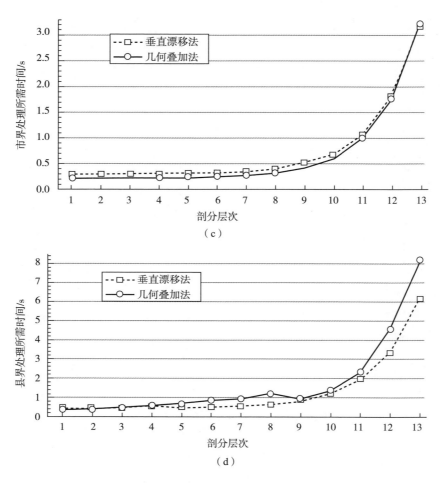

图 7.15 中国行政边界（国、省、市、县）与 DQG 地形格网
集成效率对比（1～13 层）（续）

（c）市界数据（1～13 层）；（d）县界数据（1～13 层）

（3）矢量线与 DEM 数据集成综合对比分析

针对传统几何法在大范围矢量与地形集成过程中效率低下的
问题，通过实验发现：漂移算法避免了几何算法中复杂的线交计
算，提高了矢量线与球面 DEM 格网的集成效率，在特定条件下

满足可视化表达的需要，漂移算法集成实验综合分析如下：

①实现了地形矢量线与球面 DQG 地形的无缝集成。三维漂移算法比传统的几何插值法更为高效，在全国范围与局地范围尺度上，三维漂移操作的效率平均比几何插值算法提高了 3 倍，耗时成本约为几何插值算法的 25%，且随着剖分层次增加及地形分辨率提高，漂移操作耗时的增加明显低于传统几何法，通过不同规模地形线矢量数据与地形的集成实验，发现特定剖分层次下三维漂移和几何插值效率之比与矢量数据的规模相关性不大，更多的是受到格网剖分层次及地形分辨率的影响。

②实现了非地形矢量线与球面 DQG 地形的叠加可视化表达。垂直漂移操作和几何插值效率之比与矢量数据规模相关性较大，在相同剖分层次下，矢量数据规模越大，垂直漂移操作的效率优势较几何插值算法越明显，剖分层次越高，垂直漂移操作耗时成本增速明显低于几何插值算法。

③漂移误差满足精度及可视化需求。对于地形线和非地形线矢量数据，三维漂移和垂直漂移导致的绝对误差平均值总体可控制在 1/2 个 DQG 格网单元左右，可以满足相关操作及可视化表达的要求，并彻底消除了矢量线对地形悬浮或穿入的错误表达现象。

7.4 本章小结

◇ 基于 VC++ 开发平台及 OpenGL 图形库设计了"基于 DQG 全球离散格网的多源数据自适应集成实验系统"，介绍了实验系统所采用的软硬件环境、主要功能模块以及系统操作使用界面。

　　◇ 针对验证算法可靠性及准确性的目标和需要，选择了实验所需要的矢量数据和高程数据。详细介绍了不同类型数据的来源、空间分辨率、区域尺度范围以及数据空间存储量。

　　◇ 对基于球面格网单元定向搜索的几何插值算法、地形线与球面 DEM 格网集成的三维漂移算法、非地形线与球面 DEM 格网集成的垂直漂移算法进行了可行性和正确性验证。对比分析了不同格网剖分层次及数据规模下传统几何法与漂移算法的执行效率，对漂移误差进行了定量分析和多维度评定；综合分析了实验数据规模、格网剖分层次与算法效率之间的相关性及所隐含的变化规律；实验可视化结果证明，基于格网单元分解表达的三维漂移算法是高效的、正确的，算法耗时成本仅为传统几何法的 1/4，漂移误差总体上保持在 1/2 个格网单元左右。

8

研究总结与展望

    全球离散格网系统是多尺度、多类型海量空间数据组织、管理、应用的基础框架。针对传统的离散格网系统数据冗余大、格网单元形状与现代测量采集的像元形状不一致、自适应层次格网结构复杂等缺陷，提出了一种全球退化四叉树离散格网模型，该模型以球面正八面体剖分为基础，细化结构类似经纬度格网，极点退化为三角形；该格网系统既保证格网近似均匀性、方向一致性、径向对称性、平移相和性，又便于各种新旧数据融合。本书针对全球退化四叉树离散格网剖分方法及编码方案、DQG 格网的邻近搜索算法、DQG 的数字地面高程自适应建模、矢量与地形格网数据集成方法等关键技术进行了深入的探讨研究，下面对相关成果进行总结，并分析指出了 DQG 格网系统需要进一步探讨研究的问题。

8.1　主要研究成果

主要研究成果总结如下：

（1）设计了以内接正八面体为基础的 DQG 格网剖分方法，指出 DQG 格网具有几何结构简单、方向一致性等优点，利用弧长和面积计算公式计算了不同层次格网的面积和长度，分析了 DQG 格网的几何变形情况和收敛趋势；随着 DQG 格网剖分层次的增加，格网单元最大/最小长度比和最大/最小面积比均收敛到 2.22 左右；给出了 DQG 格网编码规则和行列定义，设计了 DQG 格网编码和经纬度坐标的转换算法，并对比分析了编码与经纬度坐标转换的效率。

（2）依据 DQG 格网剖分特点，给出了 DQG 格网邻近单元的定义和分类；依照邻近搜索行列号计算规则表设计了同层次格网的邻近搜索算法；针对多分辨 LOD 模型中不同层次 DQG 格网邻近搜索的需求，给出了多层次格网邻近搜索策略，并利用实验分析了邻近搜索算法效率，实验结果表明：与 Bartholdi 和分解邻近搜索相比，DQG 格网邻近搜索效率得到了大幅提升；多层次 DQG 格网邻近搜索算法能满足实时可视化的需要，能保证 DQG 格网可视化渲染帧率达到 60 帧/秒。

（3）构建了一种基于 DQG 的自适应地形 LOD 模型；应用双线性插值计算出 DQG 格网点的高程；依据 DQG 格网的邻近特点

设计了不同层次 DQG 地形格网间缝隙的消除方法，给出四叉树块内、四叉树块间、四叉树与非四叉树块间缝隙消除的具体实现过程；应用全球 GTOPO30 DEM 数据验证算法可行性。测试结果表明：随着格网剖分层次的增加，采用格网简化和缝隙消除策略既能大幅减少 DQG 地形格网的绘制数目，提高可视化渲染效率，又彻底消除了不同层次 DQG 格网间的缝隙，初步实现了全球多分辨率 DEM 的无缝可视化表达。

（4）给出了 DQG 格网定向搜索的定义，根据 DQG 格网穿入点位置、矢量线在 DQG 格网投影位置，利用矢量混合积判断矢量线穿出 DQG 格网的位置及穿越邻近格网的编码，在此基础上确定出矢量线穿越 DQG 地形格网的集合；设计了矢量点、线与 DQG 地形格网精确耦合集成方法，应用 GTOPO30 和矢量线数据进行实验，结果表明：DQG 格网剖分层次变化时，矢量数据与地形仍保持了很好的贴合效果。

（5）初步构建了球面矢量线与地形格网自适应集成模型。引入格网"单元分解"思想，即将球面 DQG 格网单元拆分为 3 大要素：格点、格边、格元。依次建立了球面 DQG 格网单元与地理空间矢量数据之间的逻辑对应关系，提出了将矢量点动态三维漂移到 DQG 单元格点的思路，初步构建了球面矢量线与地形格网自适应集成模型。发展了一套不同类型矢量线与地形集成的自适应"漂移"算法。根据矢量数据与地形特征相关的密切程度不同，将矢量线数据划分为两大类：地形线和非地形线。为了解决几何法在大规模矢量数据与地形集成过程中进行复杂空间线交计算带来的低效率问题，在符合人眼可视化习惯且不影响图形可视化效果的前提下，设计了地形线的三维方向漂移算法和非地形线的垂直漂移算法。实验证明，漂移算法有效实现了地形线与球面地形的无缝贴合，避免了非地形线与球面地形的穿入现象，基于多分辨率地形及不同的格网剖分层次实现了矢量线与球面地形的自适应叠加可视化，并定量分析了"漂移"算法的集成效率及漂移误差。

（6）基于 Visual C++ 开发平台及 OpenGL 三维图形库，设计开发了基于 DQG 的球面地形与矢量数据自适应集成与融合原型系统。该系统具有基本的三维可视化系统交互操作、渲染、绘制以及 DQG 格网剖分和单元搜索功能，应用不同分辨率、不同尺度区域范围的高程数据（GTOPO30 和 ASTER GDEM）和 DCW 矢量线数据进行了实验，验证了定向搜索、几何插值叠加、漂移算法的可行性和正确性，综合定量分析了漂移效率及误差。

8.2　研究展望

该研究尽管取得了较为丰富的成果，但是还不完善，距实际应用有一定距离，存在着许多值得进一步深入探讨的理论和方法问题，主要表现在以下几个方面：

（1）DQG 地形格网及矢量数据可视化渲染效率有待进一步提高：面对日益增长的地理空间数据，如何充分利用内存、外存以及 GPU 的高效计算能力对全球地形数据进行渲染绘制，提高矢量和地形数据的可视化效率，将对三维地理信息系统的发展起到极大的推动作用。

（2）基于 DQG 格网的三维可视化系统交互能力不足：系统

良好的交互性是保证信息交流通畅的桥梁，是维护系统生命力的重要保障；而频繁的交互操作容易导致全球多尺度数据可视化系统出现停顿、滞帧现象，如何利用并行、多线程等技术提高交互访问的流畅性也是亟须解决的关键问题之一。

（3）空间分析能力不足：目前全球离散格网应用多集中在数据索引、组织和 DEM 建模等方面，现有空间分析操作仍以平面格网为基础；这必然会导致数据管理和应用的脱节，需要在球面格网和平面模型之间进行频繁的转换，并没有实现数据管理和使用的协调统一。

（4）从静态操作向动态更新跨越：本研究初步实现了基于单个剖分层次（格网分辨率）的矢量线与球面地形数据的集成可视化，只是静态地验证了漂移算法在数据集成融合过程中的可行性和正确性，如何实现基于多个剖分层次的矢量线与 LOD 地形数据的实时动态更新并评价操作性能是后续的主要研究内容和目标之一。

（5）空间数据前端可视化表达与后台计算的分离有待进一步研究：在不影响可视化效果、人眼习惯及应用需求的条件下，如何分离可视化表达与计算，以提高模型及系统的性能，节约计算资源和成本。

（6）DQG 格网单元空间编码运算能力不足：空间编码作为球面格网组织、管理与检索数据的基础技术手段，隐式包含了空间数据拓扑关系、位置关系、邻近关系及层次关系，对 DQG 格网单元的空间分析与运算至关重要。空间编码运算能力的加强和突破对于球面离散格网模型理论体系的完善是一个重大贡献。

　　（7）应用模式研究不足：如何与应用领域内的具体问题相结合充分发挥格网模型的优势，从而找到球面格网模型框架更多的服务对象，即如何利用 DQG 组织的影像数据与专题数据建立适合我国环境监测、海洋资源开发、灾害预报预警、军事安全等系统的应用模式，也是值得我们下一步进行研究的问题之一。

参 考 文 献

［1］ 白建军，孙文彬 . 球面格网系统特征分析及比较［J］. 地理
与地理信息科学，2011，27（2）：1 - 5.

［2］ 白建军 . 基于椭球面三角格网的数字高程建模［D］. 北京：
中国矿业大学（北京）资源与安全工程学院，2005.

［3］ 贲进，童晓冲，张永生，等 . 球面等积六边形离散网格的生
成算法及变形分析［J］. 地理与地理信息科学，2006，22
（1）：7 - 11.

［4］ 曹雪峰 . 基于地理信息网格的矢量数据组织管理和三维可视
化技术研究［D］. 解放军信息工程大学测绘学院，2009.

［5］ 陈刚，熊兴华 . 海量地形漫游中动态 LOD 算法研究［J］. 测

绘通报，2007（4）：46 - 48.

［6］陈军，丁明柱，蒋捷，等. 从离线数据提供到在线地理信息服务［J］. 地理信息世界，2009，7（2）：6 - 9.

［7］陈鸿，汤晓安，谢耀华，等. 基于视点相关透视纹理的矢量数据在三维地形上的叠加绘制［J］. 计算机辅助设计与图形学学报，2010（05）：753 - 761.

［8］陈少强，朱铁稳，李琦，等. 大规模多分辨率地形模型简化生成方法［J］. 计算机辅助设计与图形学学报，2005，17（2）：273 - 278.

［9］程承旗，关丽. 基于地图分幅拓展的全球剖分模型及其地址编码研究［J］. 测绘学报，2010，39（3）：295 - 302.

［10］崔马军，高彦丽，赵学胜. 球面 DQG 地址码与经纬度坐标的快速转换算法［J］. 地理与地理信息科学，2009，25（3）：42 - 44.

［11］崔马军，赵学胜. 球面退化四叉树格网的剖分及变形分析［J］. 地理与地理信息科学，2007，23（6）：23 - 25.

［12］戴晨光. 空间数据融合与可视化的理论及算法［D］. 解放军信息工程大学测绘学院，2008.

［13］杜莹. 全球多分辨率虚拟地形环境关键技术的研究［D］. 解放军信息工程大学测绘学院，2005.

［14］郭达志. 地理信息系统原理与应用［M］. 北京：中国矿业大学出版社，2002.

［15］韩玲，邹永玲. 地形模型实时多分辨率显示算法的研究［J］. 西北大学学报（自然科学版），2007，37（2）：273 - 276.

［16］贺日兴. 基于地形的三维景观建模与交互式设计技术研究［D］. 北京：中国矿业大学（北京）资源与安全工程学院，2001.

［17］侯妙乐. 球面四元三角网的基本拓扑问题研究［D］. 北京：中国矿业大学（北京）资源与安全工程学院，2005.

［18］胡爱华，何宗宜，马晓萍. 基于 LOD 的大规模地形实时绘制方法［J］. 测绘通报，2009（12）：23 – 26.

［19］胡鹏，刘沛兰，胡海，等. 地球信息的度量空间和 Global GIS［J］. 武汉大学学报（信息科学版），2005，30（4）：317 – 321.

［20］胡鹏，吴艳兰，杨传勇，等. 大型 GIS 与数字地球的空间数学基础研究［J］. 武汉大学学报：信息科学版，2001，26（4）：296 – 302.

［21］淮永建，郝重阳. 基于自适应四叉树视相关的多分辨率地形简化［J］. 系统仿真学报，2002，14（6）：748 – 751.

［22］蒋杰. 全球大规模虚拟地理环境构建关键技术研究［D］. 国防科学技术大学研究生院，2010.

［23］柯希林，曾军. 动态 LOD 四叉树虚拟地形绘制［J］. 测绘通报，2005（6）：10 – 13.

［24］康来，瞿师，杨冰，等. 大规模 GIS 数据三维可视化系统设计与实现［J］. 系统仿真学报，2009，（S1）：166 – 169.

［25］李德仁，肖志峰，朱欣焰，等. 空间信息多级网格的划分方法及编码研究［J］. 测绘学报，2006，35（1）：52 – 56.

［26］李刚，张军，蒋涛. 一种 DEM 与 2D 数据集成的方法［J］. 遥感信息，2004（1）：42 – 45.

［27］李志林，林庆．数字高程模型［M］．武汉：武汉大学出版社，2003.

［28］李亚臣，蒋红柳，熊海林，等．视景仿真中三维地球的建模［J］．计算机工程，2007，33（12）：225 -227.

［29］刘丁，许惠平，陈华根．基于 OpenGL 索引顶点数组的大尺度海面 LOD 算法［J］．同济大学学报自然科学版，2009，37（3）：414 -418.

［30］刘昭华，杨靖宇，戴晨光．基于模板阴影体算法的矢量数据在三维场景中的绘制［J］．测绘工程，2009，18（1）：38 -41.

［31］蒲浩，宋占峰，詹振炎．基于 Delaunay 三角网数字地面模型的路线三维建模方法［J］．铁道学报，2001（4）：81 -87.

［32］芮小平，张彦敏．一种实时连续 LOD 技术的改进算法［J］．系统仿真学报，2004，16（11）：2628 -2630.

［33］芮小平．空间信息可视化关键技术研究—以 2.5 维、三维、多维可视化为例［D］．中国科学院研究生院（遥感应用研究所），2004.

［34］孙文彬．基于 QTM 的全球影像数据组织与表达模型［D］．北京：中国矿业大学（北京）资源与安全工程学院，2007.

［35］谭兵，徐青，马东洋．用约束四叉树实现地形的实时多分辨率绘制［J］．计算机辅助设计与图形学学报，2003a，15（3）：270 -276.

［36］谭兵，徐青，周杨．大区域地形可视化技术的研究［J］．中国图像图形学报，2003b，8（5）：578 -584.

[37] 童晓冲, 贲进, 秦志远, 等. 基于全球离散网格框架的局部网格划分 [J]. 测绘学报, 2009, 38 (6): 506 – 513.

[38] 童晓冲. 空间信息剖分组织的全球离散格网理论与方法 [J]. 测绘学报, 2011, 40 (4): 536 – 536.

[39] 屠建军, 王璐, 屠长河, 等. 基于 GPU 的网格模型平滑阴影的实时绘制 [J]. 计算机辅助设计与图形学学报, 2011, (01): 138 – 143.

[40] 万定生, 龚汇丰. 一种基于四叉树的大规模地形实时生成算法 [J]. 计算机工程与应用, 2005, 41 (33): 186 – 188.

[41] 王晨昊. 地理环境建模关键技术研究 [D]. 国防科学技术大学研究生院, 2005.

[42] 王宏武, 董士海. 一个与视点相关的动态多分辨率地形模型 [J]. 计算机辅助设计与图形学学报, 2000, 12 (8): 575 – 579.

[43] 王玉琨, 王高峰, 刘启平. 基于四叉树的地形可视化研究. 地理与地理信息科学 [J], 2008, 24 (2): 30 – 32.

[44] 许妙忠. 大规模地形实时绘制的算法研究 [J]. 武汉大学学报 (信息科学版), 2005, 30 (5): 392 – 395.

[45] 许兆新, 花文华. 三维地形可视化技术研究 [J]. 计算机工程与应用, 2008, 44 (3): 91 – 93.

[46] 邢伟, 孙延奎, 唐泽圣. 与视点相关的多分辨率地表模型简化算法 [J]. 清华大学学报 (自然科学版), 2004, 44 (1): 29 – 32.

[47] 杨超, 徐江斌, 赵健, 等. 虚拟战场环境中大尺度矢量数

据实时绘制研究 [J]. 系统仿真学报, 2008, (S1): 47 –
49.

[48] 杨靖宇, 戴晨光, 张永生. 利用模板阴影体算法实现矢量
数据在三维场景中的绘制 [J]. 海洋测绘, 2008, 28 (6):
40 – 42.

[49] 袁文, 马蔼乃, 管晓静. 一种新的球面三角投影: 等角比
投影 (EARP) [J]. 测绘学报, 2005, 34 (1): 78 – 84.

[50] 袁文, 庄大方, 袁武, 等. 离散三角网格系统距离量测方
法 [J]. 测绘学报, 2011, 40 (1): 59 – 65.

[51] 张立强. 构建三维数字地球的关键技术研究 [D]. 中国科
学院研究生院 (遥感应用研究所), 2004.

[52] 张琦, 孙伟, 孙丰, 等. 一种多分辨率动态地形算法 [J].
兵工学报, 2007, 28 (9): 1053 – 1057.

[53] 张小虎, 邵永社, 叶勤. 基于自适应四叉树的地形 LOD 算
法 [J]. 计算机应用, 2009, 29 (9): 2596 – 2598.

[54] 张旭晴. 月表空间信息离散网格研究 [D]. 吉林大学地球
科学学院, 2010.

[55] 赵学胜, 白建军, 王志鹏. 基于 QTM 的全球地形自适应可
视化模型 [J]. 测绘学报, 2007a, 36 (3): 316 – 320.

[56] 赵学胜, 陈军. QTM 地址码与经纬度坐标的快速转换算法
[J]. 测绘学报, 2003, 32 (3): 272 – 277.

[57] 赵学胜, 侯妙乐, 白建军. 全球离散格网的空间数字建模
[M]. 北京: 测绘出版社, 2007b.

[58] 赵学胜, 孙文彬, 陈军. 基于 QTM 的全球离散格网变形分
布及收敛分析 [J]. 中国矿业大学学报, 2005, 34 (4):

438 - 442.

[59] 赵学胜，崔马军，李昂，等. 球面退化四叉树格网单元的邻近搜索算法 [J]. 武汉大学学报信息科学版，2009，34（4）：479 - 482.

[60] 赵学胜，王磊，王洪彬，等. 全球离散格网的建模方法及基本问题 [J]. 地理与地理信息科学，2012，28（1）：29 - 34.

[61] 赵友兵，石教英，周骥，等. 一种大规模地形的快速漫游算法 [J]. 计算机辅助设计与图形学学报，2002，14（7）：624 - 628.

[62] 郑富强，华庆一，张凤军. 道路网络在三维虚拟场景中的应用 [J]. 计算机工程，2008，（21）：273 - 275.

[63] 周成虎，欧阳，马廷. 地理格网模型研究进展 [J]. 地理科学进展，2009，28（5）：657 - 662.

[64] 周启鸣，数字地球的参考模型 [M]. 武汉：武汉测绘科技大学出版社，2001：88 - 95.

[65] 周杨，徐青，康宁，等. 月地虚拟空间环境可视化技术研究 [J]. 测试技术学报，2007，21（增刊）：31 - 37.

[66] 邹烷. 基于数字高程模型的矢量数据可视化研究 [D]. 首都师范大学信息工程学院，2006.

[67] 曾维，韩占校，朱学芳. LOD 算法在 3D 地表模拟中的应用研究 [J]. 系统仿真学报，2009，21（1）：292 - 294.

[68] Abolfazl Mostafavi Mir, Gold Christopher. A global kinetic spatial data structure for a marine simulation [J]. International Journal of Geographical Information Science，2004，18（3）：211 -

227.

[69] Agrawal A, Radhakrishna M, Joshi R C. Geometry-based mapping and rendering of vector data over LOD phototextured 3D terrain models [C] //WSCG 2006 – The 14th International Conference in Central Europe on Computer Graphics, 2006: 1 – 8.

[70] Amiri A M, Samavati F, Peterson P. Categorization and conversions for indexing methods of discrete global grid systems [J]. ISPRS International Journal of Geo-Information, 2015, 4 (1): 320 – 336.

[71] Amiri A, Harrison E, Samavati F, Hexagonal connectivity maps for digital earth [J]. International Journal of Digital Earth, 2014, 8 (9): 750 – 769.

[72] Amiri A. M, Bhojani F, and Samavati F. One-to-Two Digital Earth [M] //Advances in Visual Computing. Springer Berlin Heidelberg, 2013: 681 – 692.

[73] Bartalis Z, Kidd R, Scipal K. Development and implementation of a Discrete Global Grid System for soil moisture retrieval using the MetOp ASCAT scatterometer [C] //1st EPS/MetOp RAO Workshop, ESA SP – 618. 2006: 15 – 17.

[74] Bartholdi J. III and Goldsman P. Continuous indexing of hierarchical subdivisions of the globe [J]. International Journal of Geographical Information Science, 2001, 15 (6): 489 – 522.

[75] Bjørke J T, Grytten J K, Hæger M, et al. A Global Grid Model Based on "Constant Area" Quadrilaterals [C] //ScanGIS, 2003, 3: 239 – 250.

［76］ Bjørke J, Grytten J, Hæger M, et al. Examination of a constant-area quadrilateral grid in representation of global digital elevation models ［J］. International Journal of Geographical Information Science, 2004, 18 (7): 653 – 664.

［77］ Bruneton E, Neyret F. Real-Time Rendering and Editing of Vector-based Terrains ［J］. Computer Graphics Forum, 2008, 27 (2): 311 – 320.

［78］ Carrara P, Bordogna G, Boschetti M, et al. A flexible multi-source spatial-data fusion system for environmental status assessment at continental scale ［J］. International Journal of Geographical Information Science, 2008, 22 (7): 781 – 799.

［79］ Chen B, Swan J E, Kuo E, et al. LOD-sprite technique for accelerated terrain rendering ［C］//Proceedings of the conference on Visualization'99: celebrating ten years. IEEE Computer Society Press, 1999: 291 – 298.

［80］ Chen H, Meer P. Robust fusion of uncertain information ［J］. IEEE Transactions on Systems Man & Cybernetics Part B, 2005, 35 (3): 578 – 586.

［81］ Chen J, Xiang L, Gong J. Virtual globe-based integration and sharing service method of GeoSpatial Information ［J］. Science China-Earth Sciences, 2013, 56 (10): 1780 – 1790.

［82］ Chen J, Zhao X, Li Z. An algorithm for the generation of Voronoi diagrams on the sphere based on QTM ［J］. Photogrammetric Engineering & Remote Sensing, 2003, 69 (1): 79 – 89.

［83］ Chen J, Sun M, Zhou Q. A 3 – dimensional data model for visualizing cloverleaf junction in a city model ［J］. Geo-Spatial Information Science, 1999, 2 (1): 9 –15.

［84］ Clarke K C, Dana P H, Hastings J T. A new world geographic reference system ［J］. Cartography and Geographic Information Science, 2002, 29 (4): 355 –362.

［85］ Crider J E. A geodesic map projection for quadrilaterals ［J］. Cartography and Geographic Information Science, 2009, 36 (2): 131 –148.

［86］ Crow F C. Shadow algorithms for computer graphics ［C］// Association for Computing Machinery Siggraph Computer Graphics, 1977: 242 –248.

［87］ David A, Todd D, Ross P, et al. Climate modeling with spherical geodesic grids ［J］. Computing in Science & Engineering, 2002, 4 (5): 32 –41.

［88］ Dollner J, Baumann K, Hinrichs K. Texturing techniques for terrain visualization ［C］//Visualization 2000. Proceedings. IEEE, 2000: 227 –234.

［89］ Döllner J. Geovisualization and real-time 3D computer graphics ［J］. Exploring geovisualization, 2005: 325 –343.

［90］ Düben P D, Korn P, Aizinger V. A discontinuous continuous low order finite element shallow water model on the sphere ［J］. Journal of Computational Physics, 2012, 231 (6): 2396 – 2413.

［91］ Duchaineau M, Wolinsky M, Sigeti D E, et al. ROAMing

terrain: real-time optimally adapting meshes [C] //Proceedings of the 8th Conference on Visualization'97. IEEE Computer Society Press, 1997: 81 – 88.

[92] Dumedah G, Walker J P, Rudiger C. Can SMOS data be used directly on the 15 – km discrete global grid? [J]. IEEE Transactions on Geoscience and Remote Sensing, 2014, 52 (5): 2538 – 2544.

[93] Dutton G H. A Hierarchical coordinate system for geoprocessing and cartography [M] //A hierarchical coordinate system for geoprocessing and cartography. Springer, 1999: 205.

[94] Dutton G. Improving locational specificity of map data——a multi-resolution, metadata-driven approach and notation [J]. International Journal of Geographical Information Science, 1996, 10 (3): 253 – 268.

[95] Everitt C, Kilgard M J. Practical and robust stenciled shadow volumes for hardware-accelerated rendering [J]. Computer Graphics Forum, 2003, 24 (1): 51 – 60.

[96] Fekete György. Rendering and managing spherical data with sphere quadtrees [C] //IEEE Computer Society Press, 1990: 176 – 186.

[97] Gold C, Mostafavi M A. Towards the global GIS [J]. Isprs Journal of Photogrammetry & Remote Sensing, 2000, 55 (3): 150 – 163.

[98] Goodchild M, Yang S, Dutton G. Spatial data representation and basic operations for a triangular hierarchal data structure

[J]. Remote Sensing of Environment, 1995, 10 (4): 269 - 278.

[99] Goodchild M, Yang S. A hierarchical spatial data structure for global geographic information systems [J]. CVGIP: Graphical Models and Image Processing, 1992, 54 (1): 31 - 44.

[100] Goodchild M, Yang S, and Dutton G, Spatial data representation and basic operations for a triangular hierarchical data structure [J]. NCGIA Technical report, 1991, 91 - 8, 14pp.

[101] Gregory M J, Kimerling A J, White D, et al. A comparison of intercell metrics on discrete global grid systems [J]. Computers Environment & Urban Systems, 2008, 32 (3): 188 - 203.

[102] Hamann B., A Data Reduction Scheme for Triangulated Surfaces [J]. Computer Aided Geometric Design, 1994, 11 (2): 197 - 214.

[103] Harrison E E. Equal area sphericalsubdivision [D]. University of Calgary, 2012.

[104] Hasenauer S, Wagner W, Scipal K, et al. Implementation of near real-time soil moisture products in the SAF network based on MetOp ASCAT data [J]. In: EUMETSAT meteorological satellite conference, 2006.

[105] Hersh E S, Maidment D R. Extending hydrologic information systems to accommodate arctic marine observations data [J]. Deep Sea Research Part II Topical Studies in Oceanography, 2014, 102 (4): 9 - 17.

[106] Holhoş A, Roşca D. An octahedral equal area partition of the

sphere and near optimal configurations of points [J].
Computers & Mathematics with Applications, 2014, 67 (5):
1092 – 1107.

[107] Hoppe H. Progressive meshes [C] //Proceedings of the 23rd
annual conference on Computer graphics and interactive
techniques. Association for Computing Machinery, 1996: 99 –
108.

[108] Huang H C, Cressie N. Multiscale spatial modeling [C] //
1997 Proceedings of the Section on Statistics and the
Environment. 1997: 49 – 54.

[109] Hutchinson M and Gallant J. Terrain expression based on GIS
[J]. geographical information systems-principles and technical
issues, 2004.

[110] Kersting O, Llner J, rgen. Interactive 3D visualization of vector
data in GIS [C] //Association for Computing Machinery
International Symposium on Advances in Geographic
Information Systems, 2002: 107 – 112.

[111] Kidd R A, Trommler M, Wagner W. The development of a
processing environment for time-series analysis of Sea Winds
scatterometer data [C] //IEEE, 2003: 4110 – 4112.

[112] Koch A, Heipke C. Semantically correct 2.5D GIS data—the
integration of a DTM and topographic vector data [J]. Isprs
Journal of Photogrammetry & Remote Sensing, 2005, 61
(1): 23 – 32.

[113] Kolar J. Representation of geographic terrain surface using

global indexing ［C］//Proceeding of 12th International Conference on Geoinformatics. Sweden, 2004: 321 – 328.

［114］ Lee A, Moreton H, Hoppe H. Displaced subdivision surfaces ［C］//Proceedings of the 27th annual conference on Computer graphics and interactive techniques. Association for Computing Machinery Press/Addison-Wesley Publishing Company, 2000: 85 – 94.

［115］ Lee M, Samet H. Navigating through triangle meshes implemented as linear quadtrees ［J］. Association for Computing Machinery Transactions on Graphics, 2000, 19 (2): 79 – 121.

［116］ Lenk U. Strategies for integrating height information and 2D GIS data ［C］//Proceedings of Joint OEEPE/ISPRS Workshop From 2D to D, 2001, 3.

［117］ Li Qingquan, Tang Luliang, Zuo Xiaoqing, et al. Transect-based three-dimensional road modeling and visualization ［J］. Geo-spatial Information Science, 2004, 7 (1): 14 – 17.

［118］ Lindstrom P, Cohen J D. On-the-fly decompression and rendering of multiresolution terrain ［C］//IEEE Visualization. 2009: 65 – 73.

［119］ Lugo, JA, Clarke K C. Implementation of triangulated quadtree sequencing for a global relief data structure ［J］. Proceedings of Automated Cartography; Charlotte, NC, 1995: 455 – 463.

［120］ Lukatela H. Ellipsoidal area computations of large terrestrial objects ［C］//The First International Conference on Discrete Grids, 2000.

［121］ Lukatela H. Hipparchus geopositioning model: an overview ［J］. In Proceedings of Eighth International Symposium on Automated Cartography, 1987: 87 – 96.

［122］ Ma T, Zhou C, Xie Y, et al. A discrete square global grid system based on the parallels planeprojection ［J］. International Journal of Geographical Information Science, 2009, 23 (10): 1297 – 1313.

［123］ Marschallinger B, Sabel D, Wagner W. Optimisation of global grids for high-resolution remote sensing data ［J］. Computers & Geosciences, 2014, 72: 84 – 93.

［124］ Masser I, Rajabifard A, Williamson I. Spatially enabling governments through SDI implementation ［J］. International Journal of Geographical Information Science, 2008, 22 (1): 5 – 20.

［125］ MINOUX Cyril. Enabling virtual-globe browsing on memory-constrained platforms ［EB/OL］. http: //www. neotake. com/ ebook/enabling-virtual-globe-browsing-on-memory-constrai/ veymily. html, 2008 – 12 – 4.

［126］ Mortensen J. Real-time rendering of height fields using LOD and occlusion culling ［D］. Master's thesis, Department Company. Science. University. College London, London, England, 2000.

［127］ Oosterom P V, Stoter J. 5D Data Modelling: Full Integration of 2D/3D Space, Time and Scale Dimensions ［C］ //Geographic Information Science, International Conference, Giscience 2010, Zurich, Switzerland, September 14 – 17, 2010. Proceedings.

DBLP，2010：310 - 324.

[128] Otoo E J，Zhu H. Indexing on spherical surfaces using semi-quadcodes［C］//International Symposium on Advances in Spatial Databases. Springer-Verlag，1993：510 - 529.

[129] Ottoson P，Hauska H. Ellipsoidal quadtrees for indexing of global geographical data［J］. International Journal of Geographical Information Science，2002，16（3）：213 - 226.

[130] Peixoto P S，Barros S R M. On vector field reconstructions for semi-Lagrangian transport methods on geodesic staggered grids ［J］. Journal of Computational Physics，2014，273：185 - 211.

[131] Peter L，Koller D and Ribarsky W，Real-time，Continuous Level of Detail Rendering of Height Fields［C］//Computer Graphics Proceedings，Annual Conference Series，Association for Computing Machinery SIG-GRAPH. 1996. New Orleans Louisiana.

[132] Randall David A.，Ringler Todd D.，Heikes Ross P.，et al. Climate modeling with spherical geodesic grids ［J］. Computing in Science & Engineering，2002，4（5）：32 - 41.

[133] Richard S. Benjamin L. OpenGL 超级宝典［M］. 徐波，译. 北京：人民邮电出版社，2005

[134] Röttger S，Heidrich W，Slusallek P，et al. Real-time generation of continuous levels of detail for height fields［J］. In：Skala V，ed. Winter School in Computer Graphics，WSCG'98.

Plzen: Science Press, 1998. 315 – 322.

[135] Sabin M. , Recent Progress in Subdivision: ASurvey [M] // Advances in Multiresolution for Geometric Modelling, 2004.

[136] Sahr K. Location coding on icosahedral aperture 3 hexagon discrete global grids [J]. Computers Environment & Urban Systems, 2008, 32 (3): 174 – 187.

[137] Sahr K, White D, Kimerling A. Jon Kimerling. Geodesic discrete global grid systems [J]. Cartography and Geographic Information Science, 2003, 30 (2): 121 – 134.

[138] Schneider M, Guthe M, Klein R. Real-time rendering of complex vector data on 3D terrain models [C] //International Conference on Virtual Systems & Multimedia. 2005: 573 – 582.

[139] Schneider M, Klein R. Efficient and accurate rendering of vector data on virtual landscapes [C]. 15th International Conference in Central Europe on Computer Graphics, Visualization and Computer Vision. Campus Bory, Plzen Bory, CZECH REPUBLIC. 2007: 59 – 65.

[140] Seong J C. Implementation of an equal-area gridding method for global-scale image archiving [J]. Photogrammetric Engineering & Remote Sensing, 2005, 71 (5): 623 – 627.

[141] Skamarock W C, Menchaca M. Conservative transport schemes for spherical geodesic grids: high-order reconstructions for forward-in-time schemes [J] . Monthly Weather Review, 2010, 138 (12): 4497 – 4508.

[142] Sousa R M, Oliveira R C L. Optimization of Geodesic Self-Organizing Map [C] //Neural Networks (IJCNN), The 2012 International Joint Conference on. IEEE, 2012: 1 - 8.

[143] Suess Martin, Matos Pedro, Gutierrez Antonio, et al. Processing of SMOS level 1C data onto a discrete global grid [C] // IEEE, 2004: 1914 - 1917.

[144] Szenberg F, Gattass M, Carvalho P C P. An algorithm for the visualization of a terrain with objects [C] //IEEE, 1997: 103 - 110.

[145] Teanby N A. An icosahedron-based method for even binning of globally distributed remote sensing data [J]. Computers & Geosciences, 2006, 32 (9): 1442 - 1450.

[146] Thomas G, Multiresolution Compression and Visualization of Global Topographic Data [J]. Geoinformatica, 2003, 7 (1): 7 - 32.

[147] Thuburn J. A PV-based shallow-water model on a hexagonal-icosahedral grid [J]. Monthly Weather Review, 1997, 125 (9): 2328 - 2347.

[148] Tobler W, Chen Z T. A quadtree for global information storage [J]. Geographical Analysis, 1986, 18 (4): 360 - 371.

[149] Tong X. , Ben J. Wang Y. , ZhangY. . Efficient encoding and spatial operation scheme for aperture 4 hexagonal discrete global grid systm [J]. International Journal of Geographical information science, 2013, 27 (5): 898 - 921.

[150] Vaaraniemi M, Treib M, Westermann R. High-quality cartographic

roads on high-resolution DEMs [J]. Journal of Wscg, 2011, 19: 41 – 48.

[151] Vince A. and Zheng X. Arithmetic and fourier transform for the PYXIS multi-resolution digital earthmodel [J]. International Journal of Digital Earth, 2009, 2 (1): 59 – 79.

[152] Wartell Z, Kang E, Wasilewski T, et al. Rendering vector data over global, multi-resolution 3D terrain [C] // Eurographics Association, 2003: 213 – 222.

[153] White D. Global grids from recursive diamond subdivisions of the surface of an octahedron oricosahedron [J]. Environmental Monitoring & Assessment, 2000, 64 (1): 93 – 103.

[154] White Denis, Kimerling A. Jon, Sahr Kevin, et al. Comparing area and shape distortion on polyhedral-based recursive partitions of the sphere [J]. International Journal of Geographical Information Science, 1998, 12 (8): 805 – 827.

[155] Williamson D L. The evolution of dynamic cores for global atmospheric models [J]. Journal of the Meteorological Society of Japan, 2007, 85B (7): 241 – 269.

[156] Xu Y, Sui Z, Weng J, et al. Visualization methods of vector data on a digital earth system [C] //IEEE, 2010: 1 – 5.

[157] Yang L, Zhang L, et al. An efficient rendering method for large vector data on large terrain models [J]. Science China Information Sciences, 2010, 53 (6): 1122 – 1129.

[158] Yoon S E, Salomon B, Gayle R, et al. Quick-VDR: Out-of-

core view-dependent rendering of gigantic models ［J］. IEEE Transactions on Visualization and Computer Graphics, 2005, 11 (4): 369 – 382.

[159] Yu L, Gong P. Google Earth as a virtual globe tool for Earth science applications at the global scale: progress and perspectives ［J］. International Journal of Remote Sensing, 2012, 33 (12): 3966 – 3986.

[160] Yuan W, Zhuang D, Yuan W, et al. Equal arc ratio projection and a new spherical triangle quadtree model ［J］. International Journal of Geographical Information Science, 2010, 24 (11): 1703 – 1723.

[161] Zhao X, Bai J, Chen J. A seamless and adaptive LOD model of the global terrain based on the QTM ［M］. Springer Berlin Heidelberg, 2008: 85 – 103.

[162] Zhou M, Chen J, Gong J. A pole-oriented discrete global grid system: Quaternary quadrangle mesh ［J］. Computers & Geosciences, 2013, 61 (6): 133 – 143.

彩　　图

图 4.25　DQG 地面高程模型
（非洲地区）

图 4.26　DQG 地面高程模型
（亚洲地区）

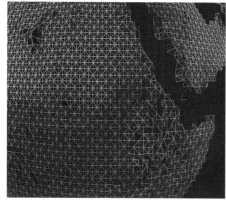

图 4.27　DQG 地面高程模型
局部放大图（非洲地区）

图 4.28　DQG 地面高程模型
局部放大图（亚洲地区）

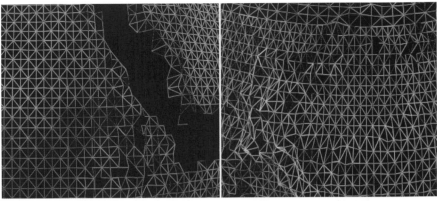

图 4.29　DQG 地面高程模型局部　　图 4.30　DQG 地面高程模型局部
　　　　放大图 2（非洲地区）　　　　　　　放大图 2（亚洲地区）

图 4.31　叠加属性的 DQG 地面　　图 4.32　叠加属性的 DQG 地面
　　　　高程模型（非洲地区）　　　　　　高程模型（亚洲地区）

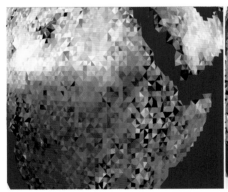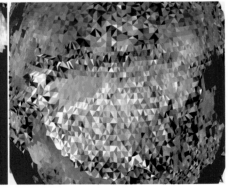

图 4.33　叠加属性的 DQG 地面　　图 4.34　叠加属性的 DQG 地面
　　　　高程模型放大图（非洲地区）　　　　高程模型放大图（亚洲地区）

图 4.35　叠加属性的 DQG 地面
高程模型放大图 2（非洲地区）

图 4.36　叠加属性的 DQG 地面
高程模型放大图 2（亚洲地区）

图 4.37　叠加纹理的 DQG 地面
高程模型（非洲地区）

图 4.38　叠加纹理的 DQG 地面
高程模型（亚洲地区）

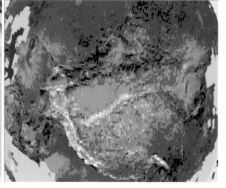

图 4.39　叠加纹理的 DQG 地面高程
模型放大图（非洲地区）

图 4.40　叠加纹理的 DQG 地面高程
模型放大图（亚洲地区）

图 4.41　叠加纹理的 DQG 地面高程　　　图 4.42　叠加纹理的 DQG 地面高程
模型局部放大图 2（非洲地区）　　　　模型局部放大图 2（亚洲地区）

图 4.43　格网简化裂缝消除前　　　图 4.44　格网简化裂缝消除后

 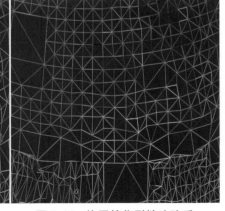

图 4.45　格网简化裂缝消除前　　　图 4.46　格网简化裂缝消除后
（局部放大）　　　　　　　　　　（局部放大）

图 4.47　裂缝消除前属性　　　　　图 4.48　裂缝消除后属性
渲染（全球）　　　　　　　　渲染（全球）

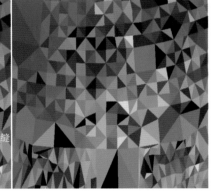

图 4.49　裂缝消除前属性渲染　　　图 4.50　裂缝消除后属性渲染
（局部放大）　　　　　　　　（局部放大）

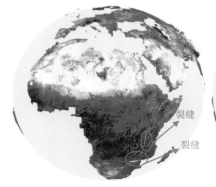

图 4.51　裂缝消除前纹理　　　　　图 4.52　裂缝消除后纹理
渲染（全球）　　　　　　　　渲染（全球）

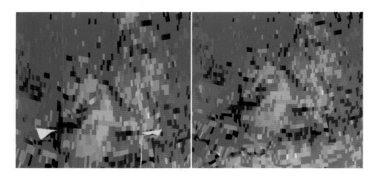

图 4.53　裂缝消除前纹理渲染　　图 4.54　裂缝消除后纹理渲染
（局部放大）　　　　　　　　　（局部放大）

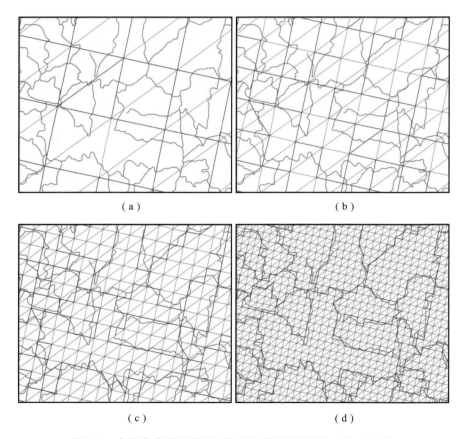

（a）　　　　　　　　　　　　　（b）

（c）　　　　　　　　　　　　　（d）

图 7.6　中国道路漂移前后局部放大格网视图对比（8～13 层）

（a）8 层；（b）9 层；（c）10 层；（d）11 层

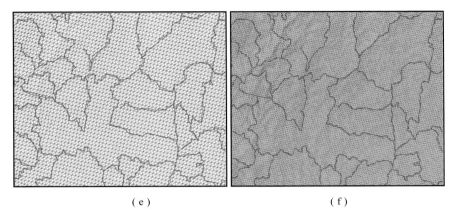

（e）　　　　　　　　　　　　　　　　（f）

图 7.6　中国道路漂移前后局部放大格网视图对比（8～13 层）（续）

（e）12 层；（f）13 层

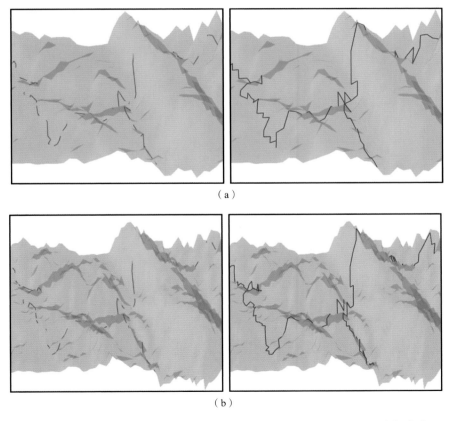

（a）

（b）

图 7.7　重庆市局部区域道路漂移前后与地形集成渲染对比（13～18 层，侧视角度）

（a）13 层漂移前后对比；（b）14 层漂移前后对比

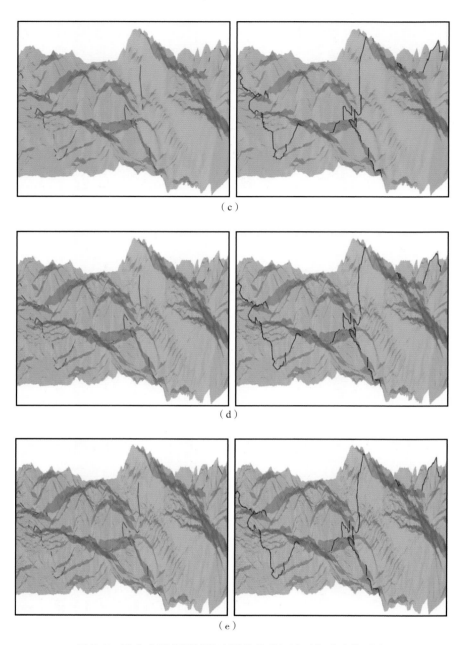

（c）

（d）

（e）

图 7.7　重庆市局部区域道路漂移前后与地形集成渲染对比

（13～18 层，侧视角度）（续）

（c）15 层漂移前后对比；（d）16 层漂移前后对比；（e）17 层漂移前后对比

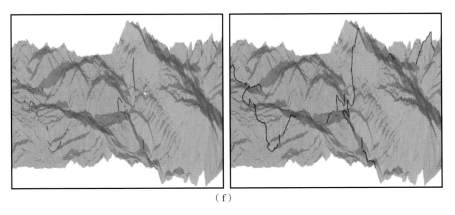

（f）

图 7.7　重庆市局部区域道路漂移前后与地形集成渲染对比

（13～18 层，侧视角度）（续）

（f）18 层漂移前后对比

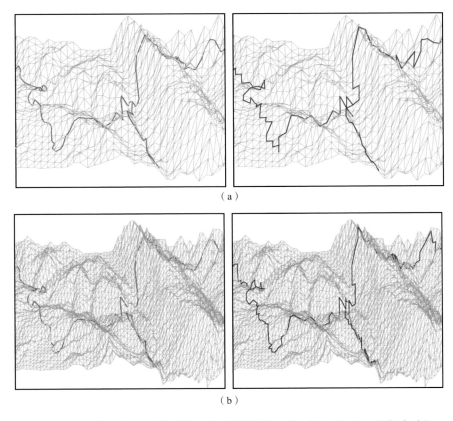

（a）

（b）

图 7.8　重庆市局部区域道路漂移前后格网视图对比（13～18 层，侧视角度）

（a）13 层漂移前后对比；（b）14 层漂移前后对比

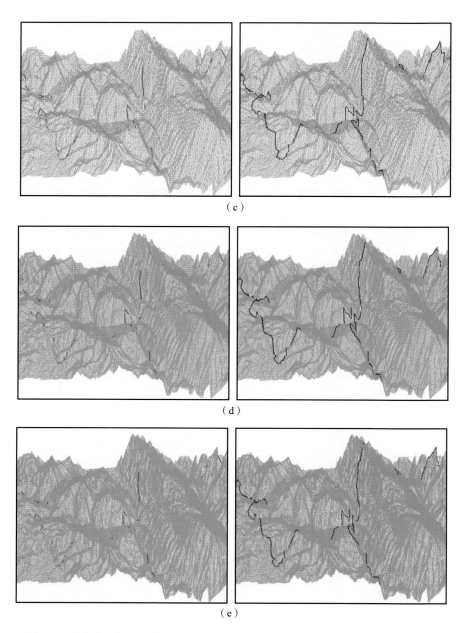

（c）

（d）

（e）

图 7.8　重庆市局部区域道路漂移前后格网视图对比（**13～18 层，侧视角度**）（续）

（c）15 层漂移前后对比；（d）16 层漂移前后对比；（e）17 层漂移前后对比

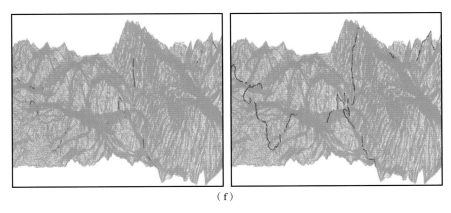

（f）

图 7.8 重庆市局部区域道路漂移前后格网视图对比（13～18层，侧视角度）（续）

（f）18层漂移前后对比

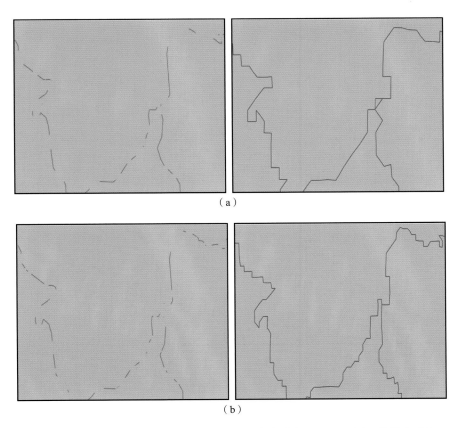

（a）

（b）

图 7.9 重庆市局部区域道路漂移前后地形渲染对比（13～18层，俯视角度）

（a）13层漂移前后对比；（b）14层漂移前后对比

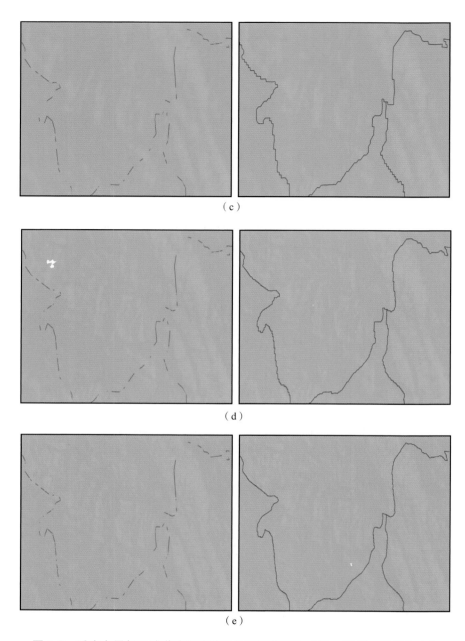

图 7.9 重庆市局部区域道路漂移前后地形渲染对比（**13~18 层，俯视角度**）

（c）15 层漂移前后对比；（d）16 层漂移前后对比；（e）17 层漂移前后对比

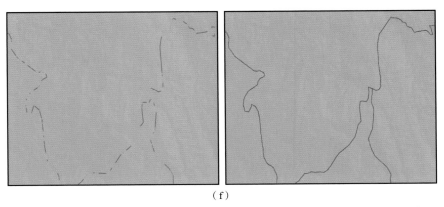
（f）

图7.9 重庆市局部区域道路漂移前后地形渲染对比（13～18层，俯视角度）（续）

（f）18层漂移前后对比

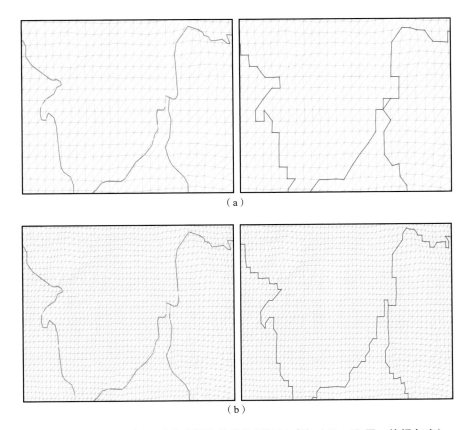
（a）

（b）

图7.10 重庆市局部区域道路漂移前后格网视图对比（13～18层，俯视角度）

（a）13层漂移前后对比；（b）14层漂移前后对比

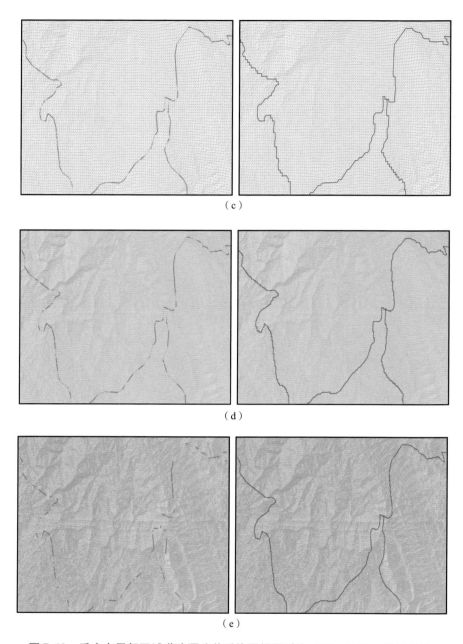

（c）

（d）

（e）

图7.10　重庆市局部区域道路漂移前后格网视图对比（13～18层，俯视角度）

（c）15层漂移前后对比；（d）16层漂移前后对比；（e）17层漂移前后对比

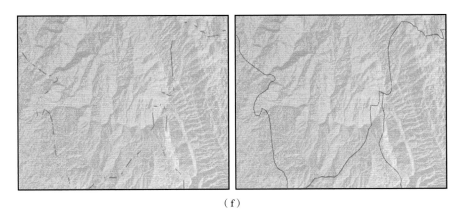

（f）

图 7. 10　重庆市局部区域道路漂移前后格网视图对比（13～18 层，俯视角度）（续）

（f）18 层漂移前后对比